智能硬件设计丛书

MicroPython 入门指南

邵子扬 编著

電子工業出版社
Publishing House of Electronics Industry
北京 • BEIJING

内 容 简 介

MicroPython 是近年国外开源硬件（也是智能硬件）范围最热门的主题之一，它使用 Python 语言在嵌入式中编程，不需要了解底层寄存器、数据手册、厂家的库函数，大部分外设和常用功能都有自己的库，使开发和移植变得容易和快速。MicroPython 已经可以真正用于开发产品，这是其迅速吸引智能硬件开发者的原因。本书带领初学者逐步了解 MicroPython 的基础知识、硬件平台、开发技巧；采用大量浅显易懂的实例，使读者在实践中快速入门，学习如何使用 MicroPython 做出很酷的东西，学会简单、有趣、强大的硬件和软件开发。

这是一本实用的书，即使你没有任何编程知识，这本书也将带你踏上从第一步到高级项目的旅程。

本书的读者可以是电子工程师、大中专院校信息类专业学生、电子爱好者，甚至中学生。

图书在版编目（CIP）数据

MicroPython 入门指南/邵子扬编著. 一北京：电子工业出版社，2018.1
（智能硬件设计丛书）
ISBN 978-7-121-32846-6

Ⅰ. ①M…　Ⅱ. ①邵…　Ⅲ. ①软件工具－程序设计－指南　Ⅳ. ①TP311.561-62

中国版本图书馆 CIP 数据核字（2017）第 247847 号

策划编辑：曲　昕
责任编辑：曲　昕
印　　刷：北京虎彩文化传播有限公司
装　　订：北京虎彩文化传播有限公司
出版发行：电子工业出版社
　　　　　北京市海淀区万寿路 173 信箱　邮编 100036
开　　本：720×1 000　1/16　印张：18　字数：294 千字
版　　次：2018 年 1 月第 1 版
印　　次：2024 年 5 月第 20 次印刷
定　　价：59.00 元

凡所购买电子工业出版社图书有缺损问题，请向购买书店调换。若书店售缺，请与本社发行部联系，联系及邮购电话：（010）88254888，88258888。

质量投诉请发邮件至 zlts@phei.com.cn，盗版侵权举报请发邮件至 dbqq@phei.com.cn。
本书咨询联系方式：（010）88254468，quxin@phei.com.cn。

前言

PREFACE

MicroPython 是近年开源社区中最热门的项目之一，它功能强大，使用简单，是创客、DIY 爱好者、工程师最好的工具，也可以用在专业开发中。

相比另一个创客神器 Arduino，MicroPython 使用更加简单、方便，入门更快，性能也更好，更加适合初学者。它无须复杂的设置，不需要安装特别的软件和额外的硬件，也不用编译和下载，只要一个 USB 线，使用任何文本编辑器就可以进行编程。大部分硬件的功能，使用一个命令就能驱动，不用了解硬件底层就能快速开发，对于产品原型设计、软件移植非常有好处，让开发过程变得轻松，充满乐趣。和传统开发方法相比，MicroPython 开发产品原型的速度更快，程序也更容易实现模块化，更方便进行维护。和其他类似软件相比，MicroPython 是可以真正用在产品开发中的软件。

MicroPython 以其开放的架构和 MIT 授权方式，在很短时间内就风靡世界，全世界有很多爱好者用它做出各种产品和有趣的应用。现在 MicroPython 已经被移植到了多种硬件平台上，如 STM32、ESP8266、ESP32、dsPIC33、RTL8195、CC3200 等，让我们有很多选择。

本书可以作为学习 MicroPython 的入门读物，也可以作为工具书，查看各种 API 的用法。本书先介绍 MicroPython 的起源，然后介绍 MicroPython 的基础知识和硬件平台，再重点介绍 STM32 和 ESP8266 上 MicroPython 的应用方法以及 API，最后介绍了几个有趣的应用。通过本书读者可以快速了解并掌握 MicroPython。

本书作者作为 MicroPython 中文社区站长，长期致力于 MicroPython 的研究和推广。本书的内容是由中文社区活动资料、社区的中文教程、官网英文社区、作者翻译的官网文档等整理而来，希望通过这本书，让广大爱好者和工程师可以了解到国外最新的技术，也希望和更多的爱好者一起交流，共同进步。书中难免存在不足和错误，请广大读者指正。

编著者

2017 年 10 月

前言

目录
CONTENTS

Chapter 1

第1章 MicroPython 简介

1.1 MicroPython 是什么

可能很多读者还不太清楚 MicroPython 是什么？也有一些读者听说了 MicroPython，但是还不太清楚它到底有什么用。从单词的组成看，它是由 Micro 和 Python 两个部分组成，Micro 是微小的意思，而 Python 是一种编程语言，两者合起来的字面意思就是微型的 Python。实际上 MicroPython 就是用于嵌入式系统上的 Python，可以用 MicroPython 在嵌入式系统中编程，做各种应用。

在嵌入式编程中，我们传统都是使用 C/C++、汇编等软件，而 Python 是一种脚本语言，为什么要去用 Python 编程呢？它有什么特点呢？让我们先从 MicroPython 的历史说起吧。

1.2 MicroPython 的历史

现在开源硬件中最热门的 MicroPython 是由英国剑桥大学的教授 Damien George（达米安·乔治）发明的，Damien George 是一名计算机工程师，他每天都要使用 Python 语言工作，同时也在做一些机器人项目。有一天，他突然冒出了一个想法：能否用 Python 语言来控制单片机，进行实现对机器人的操控呢？

可能很多读者都知道，Python 是一款非常容易使用的脚本语言，它的语法简洁、使用简单、功能强大、容易扩展。而且 Python 有强大的社区支持，有非常多的库可以使用，它的网络功能和计算功能也很强，可以方便和其他语言配合使用，使用者也可以开发自己的库，因此 Python 被广泛应用于工程管理、网络编程、科学计算、人工智能、机器人、教育等许多行业，Python 语言也长期在编程语言排行榜上处于前五的位置。更重要的是 Python 也是完全开源的，不像 Windows、Java 那样受到某些大公司的控制和影响，它完全是靠社区在推动和维护，所以 Python 受到越来越多的开发者青睐。不过遗憾的是，因为受到硬件成本、运行性能、开发习惯等一些原因的影响，前些年 Python 并没有在通用嵌入式方面得到太多的应用。

随着半导体技术和制造工艺的快速发展，芯片的升级换代速度也越来越快，芯片的功能、内部的存储器容量和资源不断增加，而成本却在不断降低。特别是随着像 ST 公司和乐鑫公司高性价比的芯片和方案应用越来越多，这就给 Python 在低端嵌入式系统上的使用带来了可能。

Damien 花费了六个月的时间开发了 MicroPython。MicroPython 本身使用 GNU C 进行开发，在 ST 公司的微控制器上实现了 Python3 的基本功能，拥有完善的解析器、编译器、虚拟机和类库等。在保留了 Python 语言主要特性的基础上，他还对嵌入式系统的底层做了非常不错的封装，将常用功能都封装到库中，甚至为一些常用的传感器和硬件编写了专门的驱动。我们使用时只需要通过调用这些库和函数，就可以快速控制 LED、液晶、舵机、多种传感器、SD、UART、I2C 等，实现各种功能，而不用再去研究底层模块的使用方法。这样不但降低了开发难度，而且减少了重复开发工作，可以加快开发速度，提高了开发效率。以前需要较高水平的嵌入式工程师花费数天甚至数周才能完成的功能，现在普通的嵌入式开发者用几个小时就能实现类似的功能，而且要更加轻松和简单。

为了宣传 MicroPython，2014 年 Damien 在 KickStarter（国外最著名的众筹网站之一）上进行了一次众筹（如图 1.1 所示），众筹的内容就是我们后面将要介绍的 pyboard（PYB V10）。PYB V10 是专门为 MicroPython 而设计，它使用了 STM32F405RG 微控制器，开发板上内置了 4 个不同颜色的 LED 指示灯、一个三轴加速传感器、一个 microSD 插座，可以通过 USB 下载用户程序和升级固件，使用非常方便。PYB V10 在 KickStarter 上的众筹非常成功，一推出就受到全世界的工程师和爱好者的广泛关注和参与，获得很高的评价，并很快被移植到多个硬件平台上，很多爱好者用它做出各种有趣的东西。

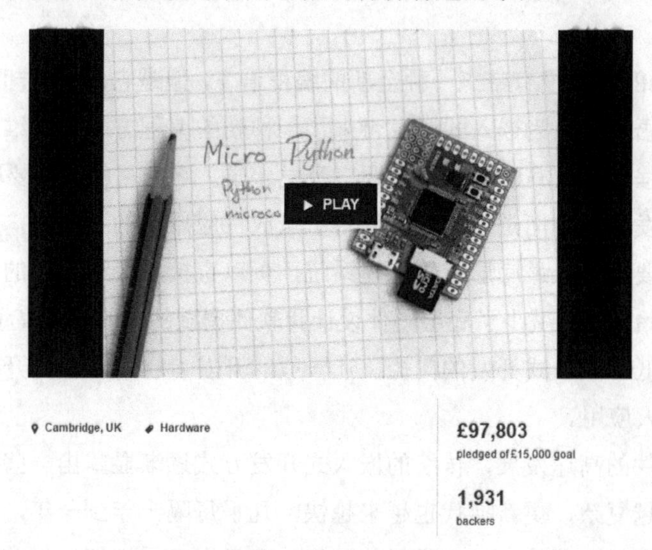

图 1.1　pyboard 众筹

MicroPython 最早是在 STM32F4 微控制器平台上实现的，现在已经移植到 STM32L4、STM32F7、ESP8266、ESP32、CC3200、dsPIC33FJ256、MK20DX256、micro：bit、MSP432、XMC4700、RT8195 等众多硬件平台上，此外还有不少开发者在尝试将 MicroPython 移植到更多的硬件平台上，更多的开发者在使用 MicroPython 做嵌入式应用，并将它们分享在网络上。

MicroPython 并不是在单片机/微控制器上唯一尝试使用 Python 编程的，更早还有像 PyMite 这样的开源项目，但是它们都没有真正完成，而 MicroPython 首先在嵌入式系统上完整实现了 Python3 的核心功能，并可以真正用于产品开发。

除了 MicroPython，在嵌入式系统上还有像 Lua、Javascript、MMBasic 等脚本编程语言。但是它们都不如 MicroPython 的功能完善，性能也没有 MicroPython 好，在可移植性、使用的简便方面都不如 MicroPython，可以使用的资源也很少，因此影响并不是太大，只是在创客和 DIY 方面有所应用。

MicroPython 在 KickStater 上众筹的网址和说明为：

https://www.kickstarter.com/projects/214379695/micro-python-python-for-microcontrollers/

1.3 MicroPython 的特点

MicroPython 并没有带来一种全新的编程语言，但是它的意义却超过了一种新式的编程语言。它为嵌入式开发带来了一种新的编程方式和思维，就像以前的嵌入式工程师从汇编语言转到 C 语言开发一样。它的目的不是要取代 C 语言和传统的开发方式，而是让大家可以将重点放在应用层的开发上，嵌入式工程师可以不需要每次从最底层开始构建系统，可以直接从经过验证的硬件系统和软件架构开始设计，减少了底层硬件设计和软件调试的时间，提高了开发效率。同时它也降低了嵌入式开发的门槛，让一般的开发者也可以快速开发网络、物联网、机器人应用。

随着硬件的高速发展，传统的嵌入式开发方式逐渐显露出一些问题。现在的芯片越来越复杂，更新换代也越来越快，几乎每隔半年到一年，各硬件厂家都会推出新型号的芯片，包含了新的功能，或者提高了性能。以前的嵌入式开发以 8 位单片机为主，芯片虽然也很复杂，但是寄存器不多，用法也简单，用不长的时间就能初步掌握。而现在的 ARM 和其他 32 位、64 位芯片，寄存器非常多，使用上也非常复杂，很少有工程师还能停留在寄存器级别进行复杂的软件开发了。如果说以前的工程师通过几天就可以熟悉一种单片机、几个星期就能初步掌握它、几个月就能熟练应用开发产品，现在就很少有工程师能够跟上芯片更新的步伐了。而且现在的环境一般也不会再允许大家先去学习几个月到一两年的时间，很多时候都是边用边学。以前的工程师只要深入掌握了一两种单片机就可以在很长时间里应对大部分的应用，现在就需要使用硬件厂家提供各种函数库和辅助开发工具，才能充分利用控制器的各种新功能，如：ST 公司的 CubeMX、NXP 公司 CodeWarrior 中的 PE、Silabs 公司 Simplicity Studio 的 Hardware configurator、Microchip 公司的 MCC 等。虽然这些工具也可以带来很大的方便，但是各厂家的工具都不相同，库函数也是互不兼容，使用这些工具开发的程序很难直接移植，给我们的系统设计和维护带来许多不便。

而 MicroPython 让我们在应用层级别移植程序有了可能，就像 PC 上的程序那样。以前使用 C/C++编程时，虽说 C/C++也是高级编程语言，可以方便程序移植，但是实际开发中由于 C/C++语言本身的复杂性、硬件平台的多样性、开发工具的依赖性等因素，造成在实际产品中程序移植变得很困难，很多时候做系统移植还不如重新开发来得简便。而 MicroPython 是脚本语言，本身和硬件的相关性就比较小，加上 Python 语言本身简洁的特性，所以程序移植也变得容易了。

在物联网时代，嵌入式系统开发的要求和以前有所变化，需要程序能够灵活多变、快速响应用户的需求。传统开发时，需要修改整个项目，然后提供新的二进制文件升级，功能测试、现场维护和远程升级都比较复杂。而 MicroPython 只需要考虑用户功能，只要升级用户程序，简单方便。

MicroPython 的特点是简单易用、移植性好、程序容易维护，但是采用 MicroPython 和其他脚本语言（如 Javascript）开发的程序，其运行效率肯定没有采用 C/C++、汇编等编译型的工具高。MicroPython 并不会取代传统的 C/C++语言，但是在很多情况下，硬件的性能是过剩的，降低一点运行效率并不会有太大影响，而 MicroPython 带来的开发效率整体提升，才是最大的好处。

如果说 Arduino 将一般电子爱好者、DIYer、创客带入了嵌入式领域，让他们不再畏惧硬件的开发和使用。那么 MicroPython 完全就可以作为工具去开发真正的产品，让普通工程师和爱好者可以快速开发嵌入式程序，让嵌入式开发和移植变得轻松和简单。

1.4　授权

虽然 MicroPython 的功能非常强大，用户也很多，但是 MicroPython 和 pyboard 都使用了非常宽松的 MIT 授权方式，而不是大公司常用的 GPL 授权。这意味着任何人都可以使用、修改、发行它，并可以将它免费用在商业产品中。MicroPython 的开放性让它在短短几年时间，就获得了很大发展，全世界有很多工程师和爱好者在学习并使用它，移植到了很多系统中，并分享了众多的成果。

Chapter 2

第2章 基础知识

MicroPython 虽然很容易使用，但是对于初学者（特别是对于 Window 平台下的开发者），为了更好地学习和使用 MicroPython，避免一些因为不同平台差异带来的影响，我们需要先做一些准备工作，了解它的基础知识和使用方法、交互式命令环境、常见的问题，以及开发常用的软件等等。

2.1 Python3 和 MicroPython

因为本书不是专门讲解 Python 语言的，所以 Python 语言相关的知识大家可以通过专门的书和教程去学习和了解。好在 Python 语言非常简单易学，即使没有学习过 Python 语言，大部分读者也可以在几天时间就能初步掌握。这里假设读者已经对 Python 语言有了初步的了解。

读者即使没有学习过 Python 语言，掌握起来也非常快。Python 的参考书非常多，大家可以灵活选择。推荐以下两本书：

- 《笨办法学 Python（第 3 版）》，（美）Zed A.Shaw 著，人民邮电出版社，2014 年 10 月。
- 《Python+Cookbook（第 3 版）》，（美）比斯利，琼斯著，人民邮电出版社，

2015年5月。

为了更好地帮助初学者，特别是对Python还不太熟悉的读者，让大家可以更快地理解和使用MicroPython，下面列出了几个基本要素。

- MicroPython的语法是完全基于Python3的，使用者需要了解Python3语言的基础知识。注意Python目前有Python2和Python3这两大分支，且目前都在广泛使用，但是它们之间存在一些差异，并不能完全兼容，所以大家使用时要注意，否则可能会造成一些错误和困扰。
- Python语言是使用缩进来表示代码的层次，而不是用大括号。缩进可以使用空格或Tab键，但是只能使用一种，不能混合使用。
- 位操作和C语言是相同的。
- 逻辑操作使用了and、or、^，而不是C语言的||和&&。
- 在for、if...then后需要使用冒号。
- 注意除法的区别，一个除号“/”代表浮点计算，两个除号“//”代表整数除法。

2.2　MicroPython的系统结构

一个MicroPython系统的典型结构如图2.1所示。它由微控制器（系统底层）硬件、MicroPython固件和用户程序三大部分组成。硬件和MicroPython固件是最基础部分，也是相对不变的，而用户程序可以随时改变，可以存放多个用户程序到系统中，随时调用或者切换，这也是使用MicroPython的一个特点。

用户程序

MicroPython固件

微控制器硬件

图2.1　MicroPython系统的典型结构

没有下载任何程序的芯片就像是一个没有安装操作系统的计算机，只有安装了操作系统后才能实现其他的功能。MicroPython的功能就像是嵌入式系统的操作系统（它不是像FreeRTOS、μcOS这样的实时系统，用户程序不能单独修改，因为系统和用户程序是一体的，需要编译后运行），只有先安装了MicroPython系统（固件），才能运行各种软件（MicroPython程序）。

专用的MicroPython开发板，如PYB V10、PYB Nano等，已经包含了

MicroPython 固件，可以直接运行。MicroPython 支持的其他类型开发板，需要自己编译源代码，产生固件，并将固件下载到微控制器中才能运行 MicroPython。如果是兼容的硬件环境（用户自定义系统），就需要自己移植 MicroPython 系统。

MicroPython 代码的编译和修改属于进一步深入应用的范围，因此本书暂不做介绍。

2.3 安装驱动

STM32 微控制器的 pyboard 系列开发板，通常都是带有原生 USB 功能的开发板，在通过 USB 连接到计算机后，默认情况下会出现两个设备：

- 虚拟磁盘（MSD）；
- 虚拟串口（USB Comm Port）。

虚拟磁盘设备可以自动被系统识别出来，就像普通的 U 盘一样，无论是 Windows、Linux、MacOS，都会识别出一个可移动磁盘设备。图 2.2 显示了 Windows 系统的设备管理器中发现的 uPy microSD Flash USB Device 磁盘设备。

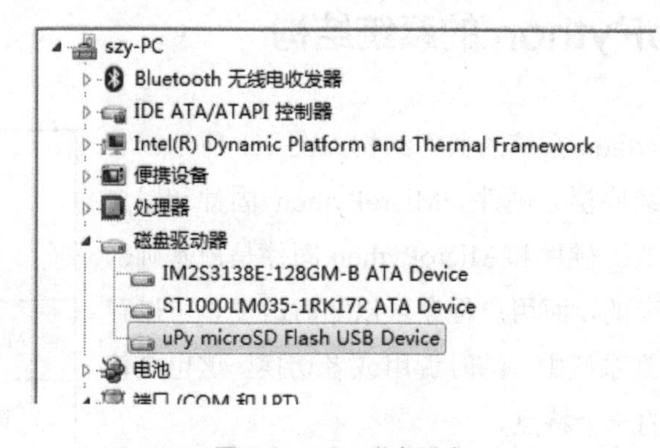

图 2.2　uPy 磁盘设备

如图 2.3 所示，虚拟磁盘的卷标是“PYBFLASH”，里面默认有 4 个文件。这个虚拟磁盘可以像普通的 U 盘一样使用，能够复制文件，存放程序和数据。我们可以将编写好的 Python 程序直接复制运行，系统复位后默认从 boot.py 加载基本参数，然后从 main.py 开始运行。

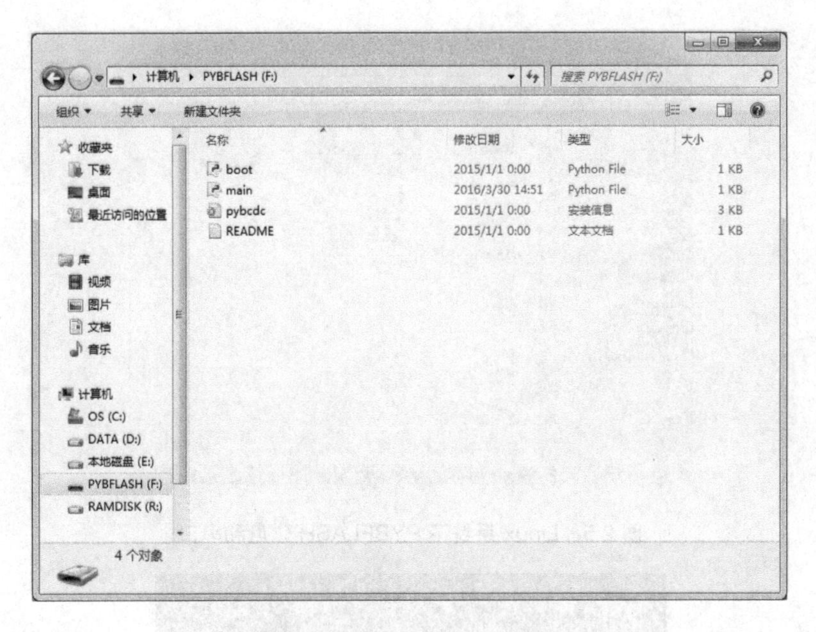

图 2.3　PYBFLASH 磁盘文件

在 Windows10、Linux、MacOS 操作系统上（包括 32 位和 64 位操作系统），虚拟串口会自动识别，无须安装额外的驱动。但是在 Win10 以下的系统中，虚拟串口需要安装一个设备驱动文件才能被正确识别和使用。MicroPython 的作者使用了一个非常巧妙的方法，将这个驱动文件放在了自带的虚拟磁盘中（文件名是 pybcdc.inf），这样不用到网上下载就能直接安装了，非常方便。

图 2.4 显示出了串口设备。正常情况下，串口识别出来后系统会多出一个 pyboard USB Comm Port 设备，具体的串口号与计算机已安装的其他设备有关。

图 2.4　串口设备

图 2.5 和图 2.6 是在 Linux 系统（这是 XUbuntu16.04 系统，其他发行版的 Linux 界面可能不一样，但功能和用法是一样的）下的 PYBFLASH 磁盘和串口的示意图。

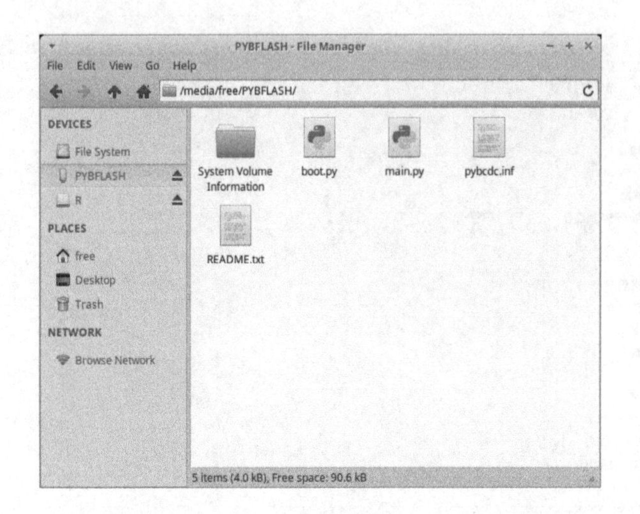

图 2.5　Linux 系统下 PYBFLASH 磁盘和串口

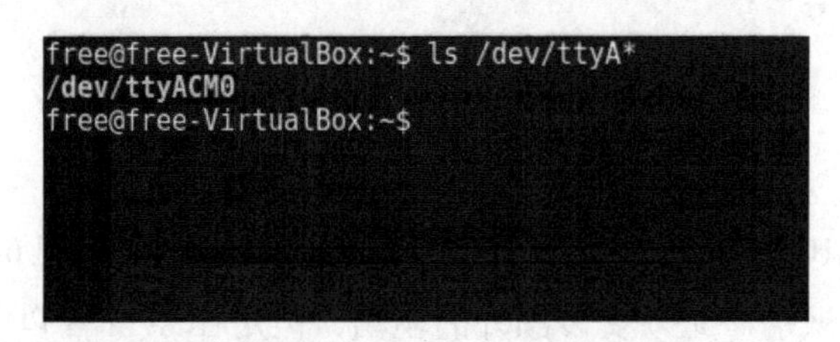

图 2.6　Linux 系统下串口设备显示

2.4　常用终端软件

MicroPython 和 PC 的标准连接是通过 USB 接口，使用虚拟磁盘和虚拟串口（VCP）方式。其中虚拟串口（在 pyboard 和 STM32 上可以同时使用 USB 虚拟串口和物理串口两种方式）是调试中最常用的方式，无须频繁复制文件避免造成 Flash 的损耗。

在 MicroPython 上我们使用串口终端软件和 MicroPython 的 REPL 进行交互，发送命令。通过串口终端软件，我们可以方便地在 REPL 中输入代码，运行和调试程序，打印结果。开发 MicroPython 程序时，掌握终端软件的使用是非常有必要的，注意不要使用 Windows 下的串口调试助手、串口精灵这样的软件，因为它们只适合一般的串口调试，发送数据，但是不方便输入命令，不支持粘贴功能，不能和 REPL 进行交互操作。

为了方便大家，我们将常用的串口终端软件列在下面，这些软件各有特点，大家只要使用适合自己习惯的其中一种就行。常用的终端软件有：

Windows

- 超级终端（WinXP，可以在 Win7/Win10 下使用）
- putty
- kitty
- SecureCRT
- MobaXterm

Linux

- putty
- screen
- picocom
- minicom

MacOS

- screen

注：

- 暂时不推荐使用 xshell，经常会出现连接无反应的现象，原因未知。
- 在 Linux 下需要给予串口设备权限，否则可能无法访问。在 ubuntn/debian 下，可以用下面几种方法（使用任何一种都可以）：
  - 使用 sudo 提升权限
  - 在文件/etc/udev/rules.d/90-serials.rules 中添加串口设备，如：

```
$sudo vim /etc/udev/rules.d/90-serials.rules

KERNEL=="ttyS[0-9]",NAME="%k",GROUP="tty",MODE="0666"
KERNEL=="ttyUSB[0-9]",NAME="%k",GROUP="tty",MODE="0666"
```

MicroPython 已经移植到了很多硬件平台上，有很多不同的移植版本。但是无论哪种 MicroPython 的移植版本，对于串口参数的设置都是一样的，如表 2.1 所示。

表 2.1　串口参数

波特率	115200
数据位	8
停止位	1
奇偶检验	无
流量控制	无

特别要注意流量控制（Flow Control）参数，很多软件默认使用硬件方式或者 Xon/Xoff，在使用 MicroPython 时需要改为 None，否则在有的终端软件中将无法输入数据。

超级终端下的设置方式如图 2.7 所示。

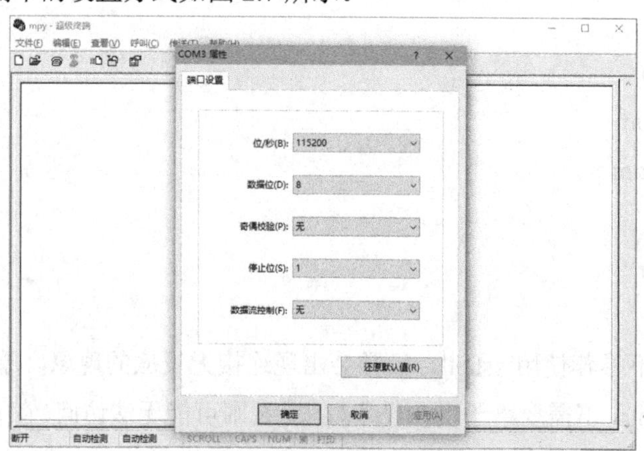

图 2.7　超级终端软件设置

putty/kitty 软件设置如图 2.8 所示。

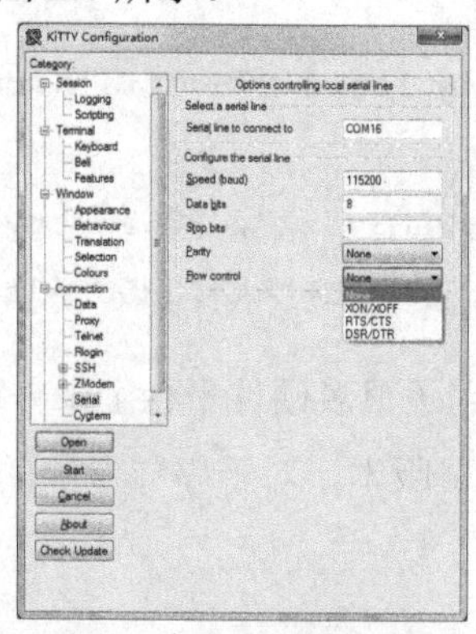

图 2.8　putty 软件设置

MobaXterm 软件设置如图 2.9 所示。

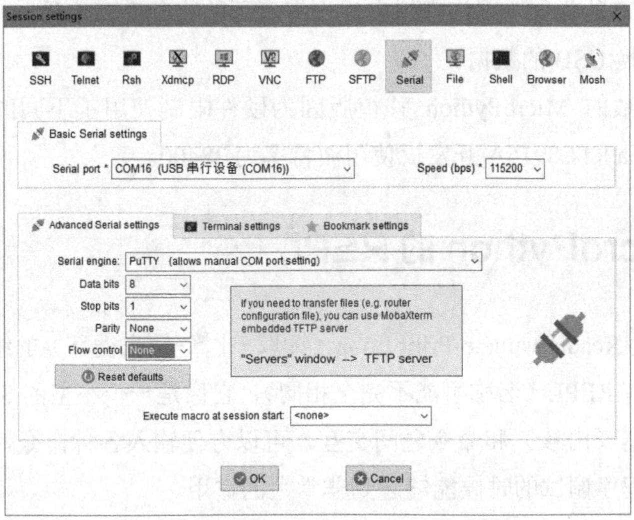

图 2.9 MobaXterm 软件设置

SecureCRT 软件设置如图 2.10 所示。

图 2.10 SecureCRT 软件设置

注：

● REPL 可以和虚拟串口或者标准串口通信，它们的串口参数是一样的。

- 在一些操作系统中，虚拟串口的波特率可以随便设置，效果和设置为 115200 的相同。因为虚拟串口没有真正的物理串口信号，是通过驱动程序转换 USB 的数据。
- 极少数的 MicroPython 移植版因为硬件限制使用了不同的波特率，如 Ameba RTL8915A 开发板使用波特率为 38400。

2.5 MicroPython 的 REPL

REPL 是 Read-Evaluate-Print Loop（读取-计算-输出循环）的缩写。很多编程语言都带有 REPL（名称可能不完全相同），它像是一个小型的 Shell，可以方便地在解释器（内核）和命令之间交互，可以方便输入各种命令，观察运行状态，因此在程序调试的时候能够起到非常大的作用。

Python 语言的 REPL 功能非常强大，MicroPython 虽然是一个微型的 Python，但是它的 REPL 功能同样强大，通过 REPL 交互环境，我们可以访问 pyboard，输入程序，测试代码，查找问题，查看帮助，查看磁盘文件……因为 MicroPython 是面向嵌入式应用的，所以 MicroPython 的 REPL 与 Python 的标准 REPL 相比，还有一些差异，快捷键不同，还提供了额外的功能和用法，如果熟练掌握这些功能就可以帮助我们更好地使用 MicroPython。

2.5.1 REPL 的快捷键

在 REPL 提供了不少快捷键，使用这些快捷键可以有效减少按键的次数，提高代码输入效率。PERL 快捷键列表如表 2.2 所示。

表 2.2 REPL 快捷键列表

按　键	功　能
上下方向键	切换以前输入的命令
左右方向键	移到光标，编辑当前命令行中输入的内容
Tab 键	代码补全。如果只有一种选择，会自动补全代码；在有多种选择时，列出所有可能的选择让用户参考
CTRL-B	在空命令行下，显示版本、REPL 提示
CTRL-C	中止当前的操作或正在运行的程序，返回到 REPL 下

续表

按　键	功　能
CTRL-D	在空命令行下同时按下 Ctrl 键和 D 键，将执行软件复位（soft reset）功能
Ctrl-E	在空命令行下可以进入粘贴模式。在粘贴模式下，用 Ctrl-C 退出粘贴模式（不保存输入内容），Ctrl-D 完成粘贴功能

CTRL-B、CTRL-D、CTRL-E 都需要命令行是空的时候才能生效（没有输入任何字符，包括空格）。

按下 CTRL-B，可以显示当前固件版本、pyboard 硬件、REPL 提示等参数。在启动时也会自动显示以下内容：

```
MicroPython v1.8.7-624-g61616e8 on 2017-04-16; PYBv1.0 with STM32F405RG
Type "help()" for more information.
>>>
```

Tab 键（通常在 CapsLock 键上面）在输入代码时是最常用的功能键之一，它可以帮助我们快速补全代码，提高输入效率。任何时候输入变量名或函数的前几个字母，然后按下 Tab 键，如果只有一个符合的选项，就会自动将完整的内容输出到屏幕；遇到有几个符合的选项，就会将这几个内容都显示出来，方便进一步选择。这时可以继续输入后续的字母再按 Tab 键。

例如，我们需要输入 pyb.hard_reset，先输入“pyb.h”这几个字符，然后按下 Tab 键，就会显示：

```
>>> pyb.h
hard_reset      hid_mouse       hid_keyboard    have_cdc
hid
>>> pyb.h
```

继续输入后面的字母“ar”，再按下 Tab，屏幕就会自动出现 pyb.hard_reset。

2.5.2　使用 help()函数

在 Python 中可以使用 help()函数查看简单的帮助，在 MicroPython 中同样支持 help()函数。在 REPL 下直接输入 help()，可以显示基本的帮助界面，内容是

pyboard 基本函数和 REPL 用法，可以帮助我们了解基本的命令和函数。

```
>>> help()
Welcome to MicroPython!

For online help please visit http://microPython.org/help/.

Quick overview of commands for the board:
  pyb.info()    -- print some general information
  pyb.delay(n)  -- wait for n milliseconds
  pyb.millis()  -- get number of milliseconds since hard reset
  pyb.Switch()  -- create a switch object
                Switch methods: (), callback(f)
  pyb.LED(n)    -- create an LED object for LED n (n=1,2,3,4)
                LED methods: on(), off(), toggle(), intensity(<n>)
  pyb.Pin(pin)  -- get a pin, eg pyb.Pin('X1')
  pyb.Pin(pin, m, [p]) -- get a pin and configure it for IO mode
m, pull mode p
                Pin methods: init(..), value([v]), high(), low()
  pyb.ExtInt(pin, m, p, callback) -- create an external interrupt
object
  pyb.ADC(pin)  -- make an analog object from a pin
                ADC methods: read(), read_timed(buf, freq)
  pyb.DAC(port) -- make a DAC object
                DAC methods: triangle(freq), write(n), write_timed
(buf, freq)
  pyb.RTC()     -- make an RTC object; methods: datetime([val])
  pyb.rng()     -- get a 30-bit hardware random number
  pyb.Servo(n)  -- create Servo object for servo n (n=1,2,3,4)
                Servo methods: calibration(..), angle([x, [t]]),
speed([x, [t]])
  pyb.Accel()   -- create an Accelerometer object
                Accelerometer methods: x(), y(), z(), tilt(),
filtered_xyz()
```

```
Pins are numbered X1-X12, X17-X22, Y1-Y12, or by their MCU name
Pin IO modes are: pyb.Pin.IN, pyb.Pin.OUT_PP, pyb.Pin.OUT_OD
Pin  pull  modes  are:  pyb.Pin.PULL_NONE,  pyb.Pin.PULL_UP,
pyb.Pin.PULL_DOWN
Additional serial bus objects: pyb.I2C(n), pyb.SPI(n), pyb.UART(n)

Control commands:
  CTRL-A        -- on a blank line, enter raw REPL mode
  CTRL-B        -- on a blank line, enter normal REPL mode
  CTRL-C        -- interrupt a running program
  CTRL-D        -- on a blank line, do a soft reset of the board
  CTRL-E        -- on a blank line, enter paste mode

For further help on a specific object, type help(obj)
For a list of available modules, type help('modules')
>>>
```

可以通过 help（模块名或函数名）查看更详细的帮助，如查看 pyb 模块的详细帮助：

```
>>> help(pyb)
object <module 'pyb'> is of type module
  __name__ -- pyb
  fault_debug -- <function>
  bootloader -- <function>
  hard_reset -- <function>
  info -- <function>
  unique_id -- <function>
  freq -- <function>
  repl_info -- <function>
  wfi -- <function>
  disable_irq -- <function>
  enable_irq -- <function>
```

```
  stop -- <function>
  standby -- <function>
  main — <function>

（后面较长，为节约篇幅省略）
```

还可以进一步查看 pyb 内部模块的帮助：

```
>>> help(pyb.Pin)
object <class 'Pin'> is of type type
  init -- <function>
  value -- <function>
  low -- <function>
  high -- <function>
  name -- <function>
  names -- <function>
  af_list -- <function>
  port -- <function>
  pin -- <function>
  gpio -- <function>
  mode -- <function>
  pull -- <function>
  af -- <function>
  mapper -- <classmethod>
  dict -- <classmethod>
  debug -- <classmethod>
  board -- <class 'board'>
  cpu -- <class 'cpu'>
  IN -- 0
  OUT — 1

（后面较长，为节约篇幅省略）
```

甚至可以一级一级深入查看，如：

```
>>> help(pyb.Pin.cpu)
object <class 'cpu'> is of type type
  A0 -- Pin(Pin.cpu.A0, mode=Pin.IN)
  A1 -- Pin(Pin.cpu.A1, mode=Pin.IN)
  A2 -- Pin(Pin.cpu.A2, mode=Pin.IN)
  A3 -- Pin(Pin.cpu.A3, mode=Pin.IN)
  A4 -- Pin(Pin.cpu.A4, mode=Pin.IN)
  A5 -- Pin(Pin.cpu.A5, mode=Pin.IN)
  A6 -- Pin(Pin.cpu.A6, mode=Pin.IN)
  A7 -- Pin(Pin.cpu.A7, mode=Pin.IN)
  A8 -- Pin(Pin.cpu.A8, mode=Pin.IN, pull=Pin.PULL_UP)
  A9 -- Pin(Pin.cpu.A9, mode=Pin.IN)
  A10  --  Pin(Pin.cpu.A10,  mode=Pin.ALT_OPEN_DRAIN,  pull=Pin.
PULL_UP, af=10)
  A11 -- Pin(Pin.cpu.A11, mode=Pin.ALT, af=10)
  A12 -- Pin(Pin.cpu.A12, mode=Pin.ALT, af=10)
  A13 -- Pin(Pin.cpu.A13, mode=Pin.OUT)
  A14 -- Pin(Pin.cpu.A14, mode=Pin.OUT)
  A15 -- Pin(Pin.cpu.A15, mode=Pin.OUT)
  B0 — Pin(Pin.cpu.B0, mode=Pin.IN)

（后面较长，为节约篇幅省略）
```

如果能够灵活使用 help()函数，就可以查看大部分函数的基本用法和很多常量定义，甚至不需要看手册就能知道用法。

2.5.3 查看模块包含的变量和函数

有时候，我们需要了解一个模块内部有哪些变量和函数，在 Python 中是通过 dir()函数查看，在 MicroPython 中同样也支持 dir()。使用 dir()，可以快速查看系统当前已经导入了哪些模块：

```
>>> dir()
['machine', '__name__', 'pyb']
```

也可以查看这些模块内部还有哪些变量和函数，与 help()函数一样，dir()也可以深入到模块内部：

```
>>> dir(pyb)
['__name__', 'fault_debug', 'bootloader', 'hard_reset', 'info', 'unique_id', 'freq', 'repl_info', 'wfi', 'disable_irq', 'enable_irq', 'stop', 'standby', 'main', 'repl_uart', 'usb_mode', 'hid_mouse', 'hid_keyboard', 'USB_VCP', 'USB_HID', 'have_cdc', 'hid', 'millis', 'elapsed_millis', 'micros', 'elapsed_micros', 'delay', 'udelay', 'sync', 'mount', 'Timer', 'rng', 'RTC', 'Pin', 'ExtInt', 'pwm', 'servo', 'Servo', 'Switch', 'Flash', 'SD', 'SDCard', 'LED', 'I2C', 'SPI', 'UART', 'CAN', 'ADC', 'ADCAll', 'DAC', 'Accel', 'LCD']
>>> dir(pyb.Accel)
['x', 'y', 'z', 'tilt', 'filtered_xyz', 'read', 'write']
>>> dir(pyb.Accel.x)
[]
```

善用 help()和 dir()函数，可以在调试和输入代码时，帮助我们查看内部的变量和函数名称，了解模块的功能和用法。

2.6 MicroPython 官方固件

MicroPython 官方提供了多种固件，可以直接下载后写入开发板运行。官方固件的下载地址是：https://microPython.org/download。

官方的固件分为 pyboard、ESP8266、ESP32、WiPy 等几类，下面分别说明。

1. pyboard 固件

从 V1.9.1 开始，pyboard 的固件分为下面几个不同版本：

- 标准版（standard）
- 双精度浮点版（double FP）
- 线程版（threading）
- 双精度浮点+线程版（double FP + threading）
- 网络版（network）

这几个版本之间的基本功能和包含的模块是完全相同的。双精度浮点版本提高了浮点数的精度，一般版本使用的单精度浮点是32位的，而双精度浮点是64位的；线程版可以支持线程功能，在多任务时比较方便；而双精度浮点+线程版，可以同时支持双精度浮点功能和线程功能；网络版可以通过 SPI 接口连接外部的 CC3000 和 WIZ820io 网络模块，为 pyboard 增加网络功能。

2. ESP8266 固件

ESP8266 硬件的固件也分为多个不同版本：

- 标准版
- 512KB Flash 版
- OTA 版

标准版适合绝大部分 ESP8266 硬件，没有特别说明的开发板都可以使用这个固件；而 512K 版适合 Flash 只有 512KB（4Mbit）的硬件，如 ESP-01 模块；OTA（Over-The-Air）版支持空中升级功能，它需要先下载一个初始映像文件，然后才能通过专用脚本采用 WiFi 方式升级。

3. WiPy 固件

因为这个开发板在国内的用户很少，所以本书对 WiPy 开发板的固件不做单独说明。

4. ESP32 固件

虽然 MicroPython 的 ESP32 分支已经发布，但是目前还处于测试阶段（文档还没有正式发布），并不适合用在产品中。

5. 其他开发板固件

除了前面几种固件外，MicroPython 官方还提供了下面几种开发板的固件：

- STM32F4 Discovery
- NUCLEO-F401RE
- NUCLEO-F411RE
- NUCLEO-F767ZI
- NUCLEO-L476RG

- Espruino Pico

6．正式版、历史版和每日构建版

除了前面介绍的几大类，官方的固件还分为正式版本、历史版本和每日构建版（daily build）。

正式版本是经过多方测试功能比较稳定的最新版本；历史版本是以前的正式版本，功能比最新版少一些；每日构建版属于测试版，是 MicroPython 官方团队在修改源码、增加功能过程中产生的版本，它包含了最新的一些功能，可以提前测试最新功能，但是可能会存在一些问题。如果没有特别要求，我们应该尽量使用正式版本。

正式版本和历史版本的文件名只包含了开发板、时间和版本号，如：pybv10-20170611-v1.9.1.dfu、pybv10-20170108-v1.8.7.dfu，而每日构建版的文件名中还包含了构建版本号，如：pybv10-20170710-v1.9.1-153-gad3abcd3.dfu。

注：偶尔会遇到官方提供的每日构建版固件下载后无法运行的情况。

7．MicroPython 中文社区固件

虽然 MicroPython 官方提供了多种固件，但是还有很多开发板没有提供固件，而对于很多使用者来说，编译源码是比较复杂和困难的。因此 MicroPython 中文社区额外提供了多种常见开发板的固件，方便大家使用和测试。

MicroPython 中文社区的固件下载地址是：

- 码云

https://git.oschina.net/shaoziyang/MicroPython_firmware

- github

https://github.com/shaoziyang/MicroPython_firmware

以上两个网站提供的固件是相同的。

Chapter 3

第3章 硬件平台介绍

MicroPython 可以在多种嵌入式硬件平台上运行，目前已经有 STM32、ESP8266/ESP32、CC3200、dsPIC33、MK20DX256、nRF51/nRF52、MSP432、XMC4700 等多个平台，而且还有很多开发者在尝试将 MicroPython 移植到更多硬件上。这些平台中，功能最完善成熟的是 STM32 和 ESP8266 这两大硬件平台，这也是目前最主要的应用平台。通过这两大硬件平台，就可以掌握 MicroPython 的主要用法，下面就给大家详细介绍。

3.1 pyboard

通常情况下，pyboard 指的是 MicroPython 官方设计的开发板，如 PYB V1.0（也可写为 PVB V10）、PYBV1.1（也可写为 PVB V11）、PYBV3、PYBV4、PYB Lite 等。这些开发板的硬件和外形结构类似，功能差别也很小，主要差别在于是否带有加速度传感器、LED 的数量、PCB 的布局等。

但是因为 MicroPython 已经移植到了很多其他 STM32 开发板上（如 STM32F4 系列 Nucleo 开发板、STM32F4 系列 Discovery 开发板），并且在这些 STM32 的开发板运行 MicroPython 时，基本功能和用法都类似，所以我们也可以把这些开发板称为 pyboard。下面的介绍将以官方的 PYB V1.0（参见图 3.1）为基础，但是也适合大部分第三方的开发板。

图 3.1　PYB V1.0 示意图

官方的 pyboard（PYB V1x 系列）使用了 64 脚 LQFP64 封装的高性能 STM32F405RGT6 微控制器，它的主要特点有：

- 1MB Flash 和 196KB SRAM
- 168MHz 主频
- RTC 实时时钟
- 51 个通用 GPIO
- 17 个定时器
- 多路 PWM 输出
- 16 路 ADC 输入
- 2 路 DAC 输出
- 3 个 I2C 接口

- 4 个 UART 接口
- 3 个 SPI 接口
- 一个 USB2.0 全速接口
- 2 个 CAN 接口
- SDIO 接口
- 硬件随机数发生器
- 唯一 ID 号
- 1.8～3.6V 工作电压

pyboard 的主要功能：

- 一个复位按键
- 一个用户按键
- 4 个不同颜色的 LED（其中两个带有亮度调节功能）
- MMA7660C 三轴加速度传感器
- microSD 插座
- 丰富的接口
- 小巧的外形
- 专用外壳和扩展模块

我们后面介绍 pyboard 时，是以官方的 PYB V10/PYB V11 为主，但是大部分功能在 STM32F4/STM32L4/STM32F7 等开发板上也可以使用。特别是 ST 官方的很多开发板，都已经成功移植了 MicroPython。

除了 MicroPython 软件是开源的，pyboard 的硬件同样也是开源的。它在 github 上的网址是：https://github.com/micropython/pyboard。

在这个开源项目中，包括了 PYB V10、PYB V4 等开发板的完整设计，包括了原理图和 PCB（EAGLE 格式）、Gerber 文件、BOM 等。图 3.2 是 PYB V10 开发板原理图。

PYB V10 使用了 PA13、PA14、PA15、PB4 四个 GPIO 控制 LED，每个 LED 的颜色都不同。其中 PA15 也是 TIM2_CH1，PB4 是 TM3_CH1，所以这两个 GPIO 支持 PMW 功能，可以通过调整 PWM 输出占空比改变 LED 的亮度。另外两个 LED 不支持亮度调节功能。

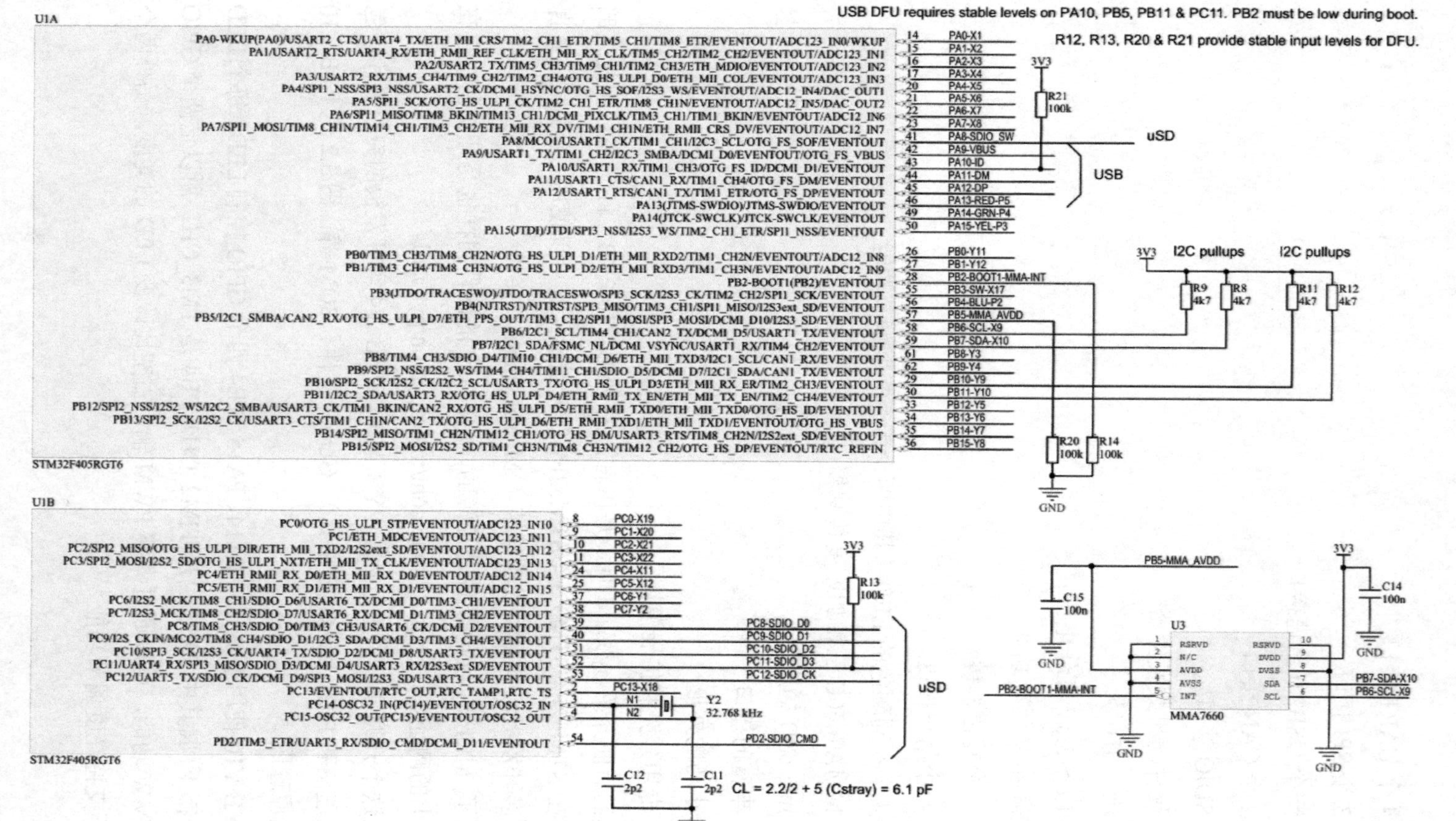

图 3.2 PYB V10 开发板原理图

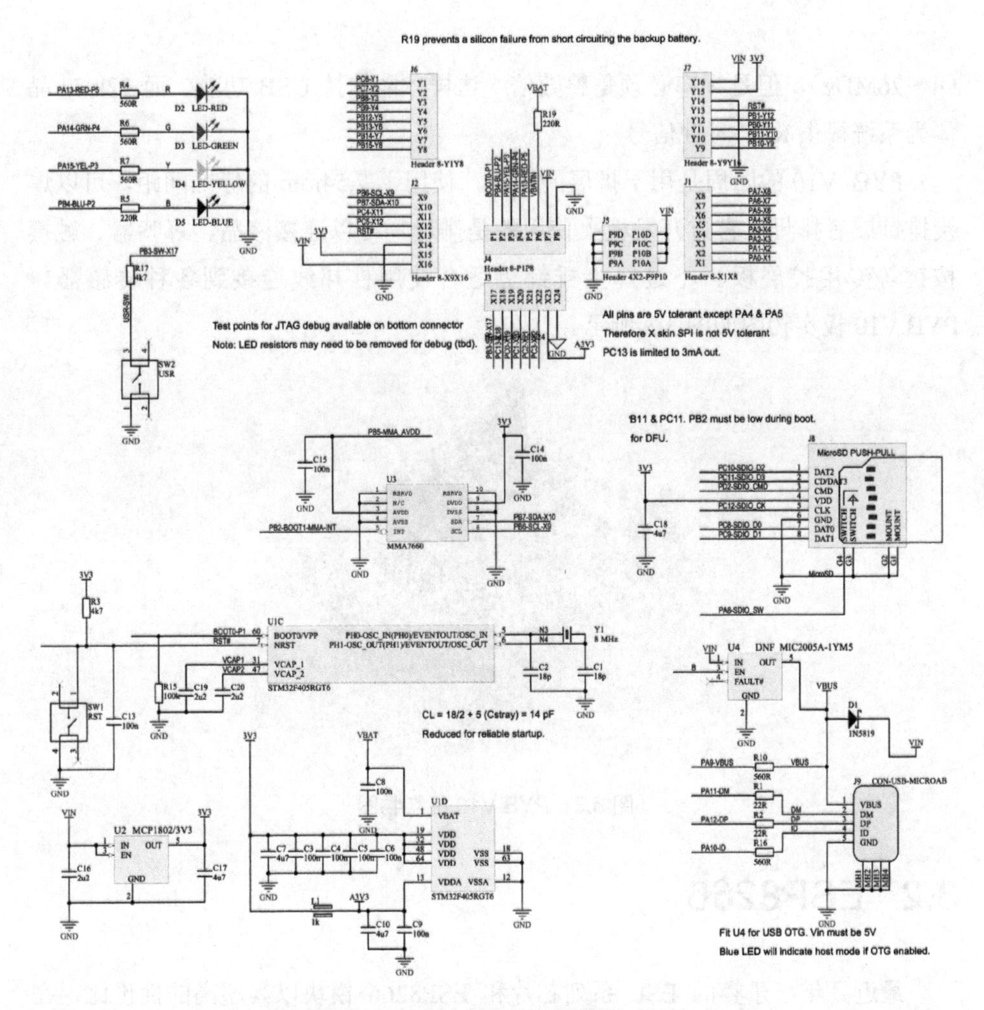

图 3.2　PYB V10 开发板原理图（续）

用户按键 SW2 使用 PB3，通过内部上拉电阻连接到 VCC，按下 SW2 时 PB3 输入低电平。不过因为 PB3 上没有电容去抖（可以自己增加一个 0.1μF 的电容），所以在按键时容易出现抖动问题。

加速度传感器 MMA7660 连接到 MCU 的 I2C1 上，传感器的中断输出连接 PB2，传感器的模拟电源通过 PB5 提供（这是因为传感器的功耗很低，需要的电流很小）。这样就可以通过 PB5 控制传感器是否工作了。

microSD 连接到 MCU 的 SDIO 接口上，因此 PYB V10 访问 SD 卡的速度并不慢，比通过 SPI 方式快很多，而 PA8 用于检测 SD 卡是否插入。

系统主时钟由 8MHz 的外部无源振荡器提供，也可以使用其他频率的时钟

（4～26MHz），但是频率必须是整数倍，这样才能支持 USB 功能。而 32kHz 晶体为系统提供 RTC 时钟信号。

PYB V10 的四周是用于扩展的接口，使用了 2.54mm 的标准间距，可以焊接排针或者排母。官方开发板上使用的是排母，可以连接液晶、蜂鸣器、触摸按键等专用扩展板。不过焊接排针更适合使用杜邦线连接到各种传感器。PYB V10 板实物图如图 3.3 所示。

图 3.3　PYB V10 板实物图

3.2 ESP8266

最近几年，乐鑫的 ESP 系列芯片和 ESP8266 模块以其超高的性价比，在 WiFi 模块市场异军突起，在物联网、智能家庭、创客、DIY 等领域中得到广泛的应用。

与传统方式 MCU 加 WiFi 收发器的结构相比，ESP8266 的硬件上虽然也是两颗芯片（ESP8266 加 Flash 芯片），但是外围元件少，因此结构简单，成本也更低。ESP8266 支持多种开发方式，如 AT 命令、SDK/C++、Arduino、Lua、Javascript、MicroPython 等。

ESP8266 的主要技术参数如下。

- 无线标准：802.11 b/g/n/e/i
- 频率范围：2.4GHz～2.5GHz（2400MHz～2483.5MHz）
- 发射功率：最大 20dBm

- 接收灵敏度：802.11 b: −91dbm（11Mbps）
  802.11 g: −75dbm（54Mbps）
  802.11 n: −72dbm（MCS 7）
- CPU：Tensilica L106 32 bit 微控制器
- 工作电压：2.5V～3.6V
- 平均工作电流：80mA
- 工作温度：−40℃～125℃
- 封装尺寸：5mm×5mm
- WiFi 模式：Station/SoftAP/SoftAP+Station
- 安全机制：WPA/WPA2
- 加密类型：WEP/TKIP/AES

应用：

- 家用电器
- 家庭自动化
- 智能插座、智能灯
- Mesh 网络
- 工业无线控制
- 婴儿监控器
- IP 摄像机
- 传感器网络
- 可穿戴电子产品
- 无线位置感知设备
- 安全 ID 标签
- 无线定位系统信标

与 pyboard 不同，MicroPython 官方并没有推出一款专门的 ESP8266 开发板，而是使用了 Adafruit Feather HUZZAH 开发板作为基础硬件平台。不过它也适合大部分的 ESP8266 开发板，因为这些开发板的基本硬件结构都是类似的。

1．Adafruit Feather HUZZAH

由 adafruit 公司推出的 ESP8266 开发板，小巧方便，板上带有 USB 接口和锂电池接口。MicroPython 官方在介绍 ESP8266 分支时，就是使用了这个开发板（参见图 3.4）。

相关资料链接为：https://www.adafruit.com/product/2821。

图 3.4　Adafruit Feather HUZZAH 发板

2. NodeMCU

NodeMCU 也是较早的 ESP8266 物联网开发板，它最早是因为可以使用 Lua 开发程序而著名。相关资料链接为：https://github.com/nodemcu/nodemcu-firmware。

3. ESP8266 机智云开发板

安信可为机智云设计的开发板可以方便地连接机智云的网络。它分为上下两层结构，上面是 ESP8266 模块、LDO 和一个 5050 的 RGB LED，下层是 USB 转串口。

4. 小 e 智能硬件开发平台

小 e 智能硬件开发平台是易通星云旗下第一款物联网智能硬件开发平台，也是国内率先支持微信语音控制的智能硬件平台。它带有 OLED、DHT11 温湿度传感器、气压传感器、红外等功能。

5. ESP-12 系列模块

除了前面介绍了一些 ESP8266 开发板，其实我们也可以用 ESP-12 模块（参见图 3.5）自己动手设计制作适合需要的开发板。比如增加串口、各种传感器、电池和电源管理功能，使用液晶显示等。这样制作的 ESP8266 开发板，可以更好地满足特殊应用下的需求。

图 3.5　ESP-12 模块

目前大部分 ESP8266 开发板都是使用了 ESP-12 系列模块，只需要简单设置几个电阻就可以工作。它内部使用了 32MB 的 Flash，预留了足够大的空间给用户。图 3.6 所示为 ESP-12 模块工作原理图，表 3.1 所示为 ESP8266 启动配置。

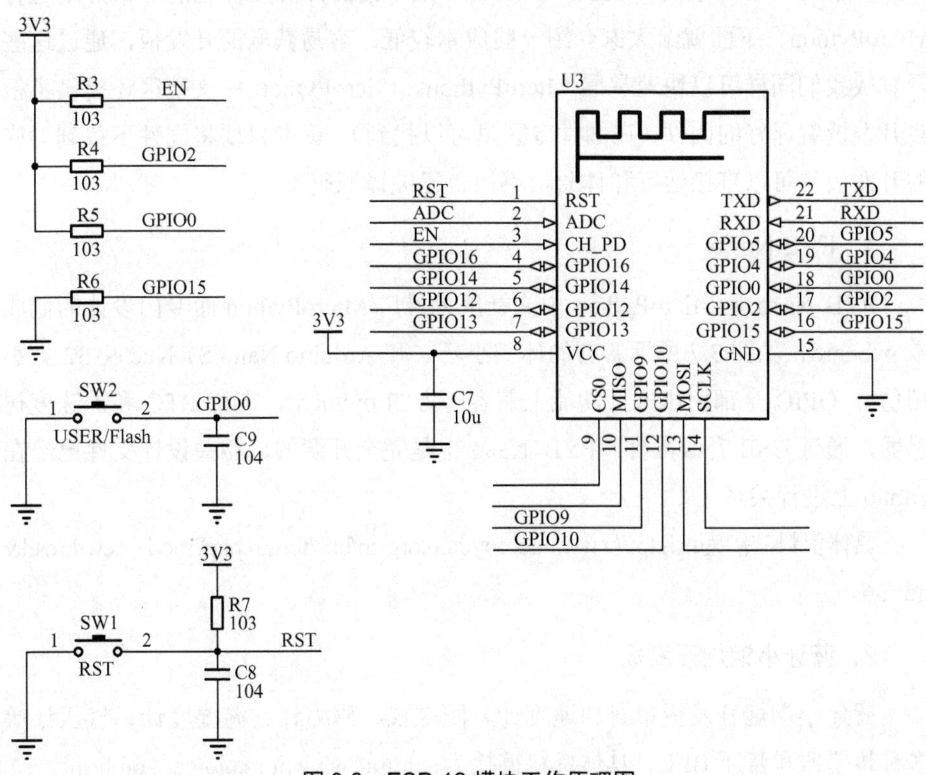

图 3.6　ESP-12 模块工作原理图

为了让 ESP8266 正常运行，在启动时，需要将下面 GPIO 设置为合适电平。

表 3.1　ESP8266 启动配置

模式	GPIO15	GPIO0	GPIO2	EN
升级	低	低	高	高
运行	低	高	高	高

3.3　其他可以运行 MicroPython 的硬件

虽然官方的 pyboard 使用起来非常不错，但是它的价格较高，在国内也不方便购买，这就给大家学习和使用 MicroPython 带来不便。幸好 pybaord 是开源的，也非常容易移植到其他 STM32 的开发板上，功能上几乎一样，所以通过这些开发板我们也能够同样学习和使用 MicroPython。

除了 STM32 系列开发板外，还有一些不错的开源硬件也能非常好地运行 MicroPython。下面就给大家介绍一些成本较低、容易获取的开发板，通过这些开发板我们同样可以快速掌握 MicroPython。MicroPython 中文社区还提供了很多开发板编译好的固件（在固件专区里可以找到），读者只要将固件下载到对应的开发板就可以直接运行和体验，不用自己编译源码了。

1. PYB Nano

PYB Nano 是 MicroPython 中文社区为推广 MicroPython 而专门设计的低成本 pyboard，如图 3.7 所示。它的体积小巧（和 Arduino Nano/ST Nucleo 32 大小相仿），GPIO 全部引出来，功能上兼容官方的 pyboard，支持 RTC 和加速度传感器，通过 USB 升级固件。PYB Nano 也是完全开源的，相关设计文件已经在 github 上进行共享。

具体资料链接为：http://www.micropython.org.cn/bbs/forum.php?mod=viewthread&tid=56。

2. 蓝牙小钢炮开发板

蓝牙小钢炮开发板带有加速度计、陀螺仪、磁力计、温湿度计、气压计等多种传感器和蓝牙 BLE。具体资料链接为：http://www.juma.io/cannon.html。

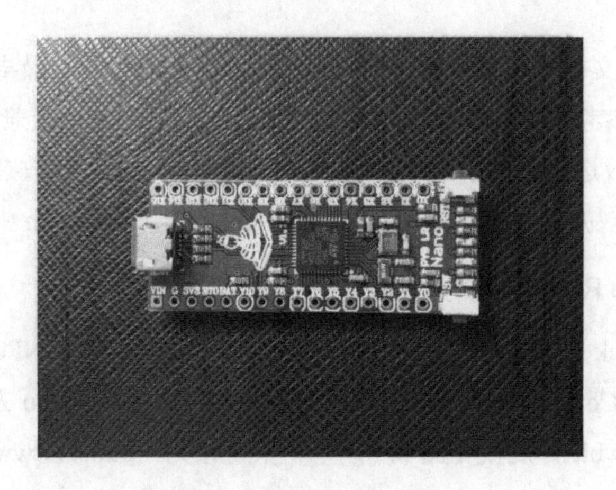

图 3.7　PYB Nano 开发板

3．BBC micro:bit/newbit

BBC micro:bit 是面向中小学生和创客的计算机学习工具，也是现在最热门的开发板之一。它支持多种开发工具，MicroPython 就是其中非常重要的一个。除了使用代码编程外，它还可以用图形化方式编程（现在已经开始支持 scratch 了）。BBC micro:bit 实物如图 3.8 所示。

网站是：http://microbit.org/。

中文图形化编程网站：http://microbit.site/。

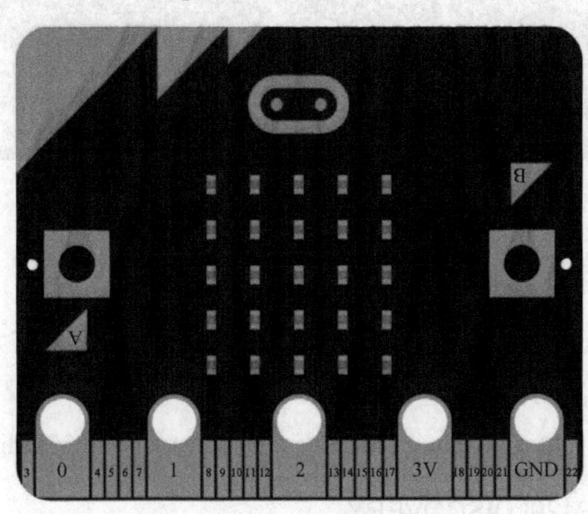

图 3.8　BBC micro:bit 实物

micro:bit 虽然很不错，但是原版的价格较高，也不太容易购买，所以

MicroPython 中文社区率先推出了 micro:bit 中国版：newbit。它最早在 EEWOLRD 论坛上众筹，参考众多网友意见后反复修改而成，功能上完全兼容于 micro:bit，而且做出不少改进，集成了蜂鸣器和振动马达，可以直接播放音乐，使用起来更加方便，更容易扩展（newbit 的相关资料可以在 MicroPython 中文社区找到）。

4．Ameba RTL8915A

使用 Realtek 公司 RTL8915A 模块的 WiFi 开发板，带有 NFC、USB OTG、SDIO 等功能，Cotex-M3 内核，板载仿真器，它也支持 Arduino 方式开发。兼容 micro:bit 的 newbit 开发板如图 3.9 所示，其链接为：https://www.amebaiot.com/boards/。

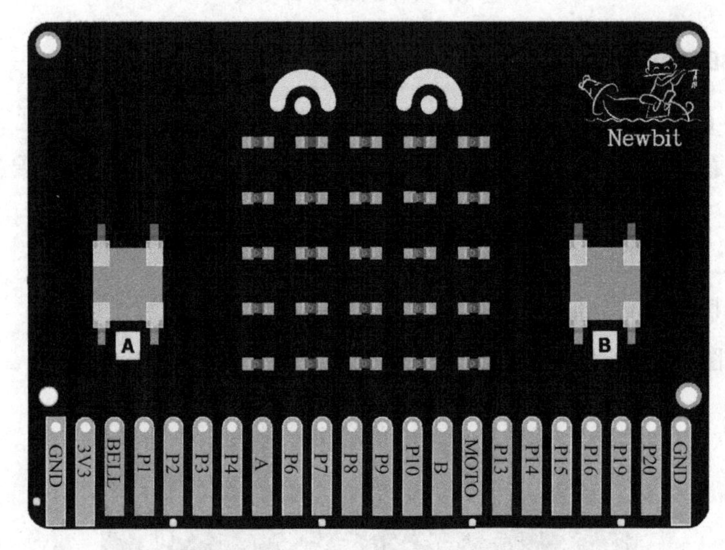

图 3.9　兼容 micro:bit 的 newbit 开发板

5．STM32F4 DISCOVERY

STM32F4 DISCOVERY 是 ST 公司官方 discovery 系列的开发板，支持 USB 和音频输出，如图 3.10 所示。

具体链接为：http://www.st.com/en/evaluation-tools/stm32f4discovery.html。

6．STM32F429I DISCOVERY

STM32F429I DISCOVERY 是 ST 公司官方的 Discovery 系列开发板，如图 3.11 所示，它带有一个支持触摸功能的 TFT 液晶屏。

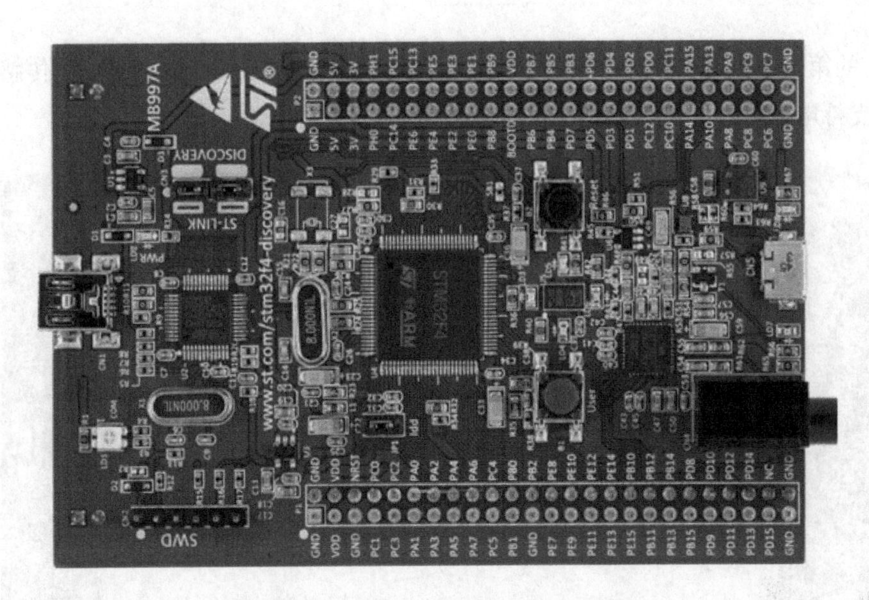

图 3.10　STM32F4 DISCOVERY 开发板

详细信息可参考链接：http://www.st.com/en/evaluation-tools/32f429idiscovery.html。

图 3.11　STM32F429I DISCOVERY 开发板

7．STM32F746 GDISCOVERY

STM32F746 GDISCOVERY 是 ST 公司官方的 Discovery 系列开发板，也是

ST 的第一个 Cotex-M7 内核的开发板，性能强劲。同时还有数字麦克风传感器和支持电容触摸的液晶屏，如图 3.12 所示。

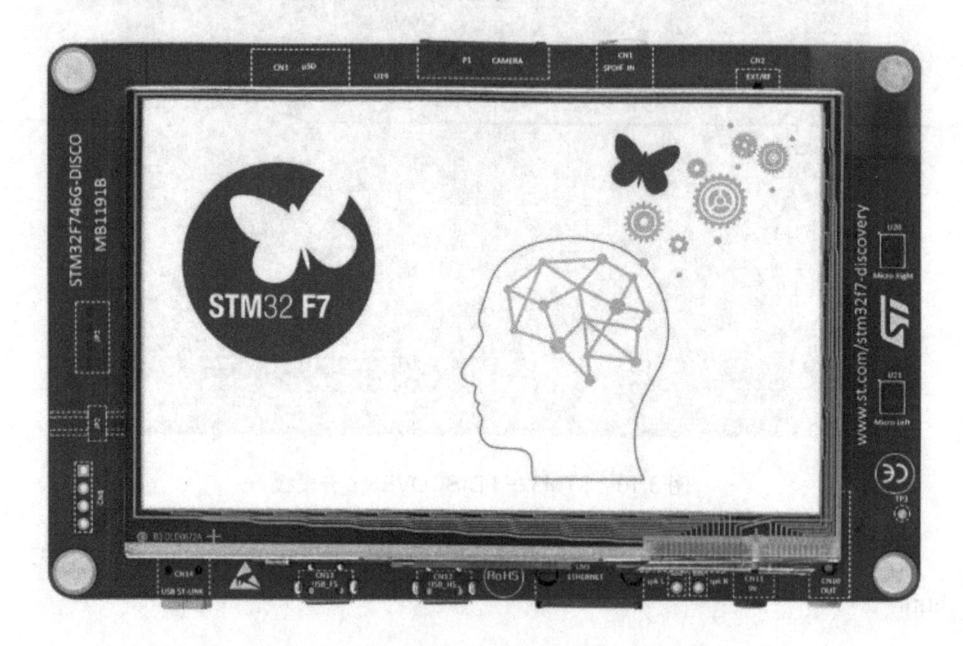

图 3.12　STM32F746 GDISCOVERY 开发板

详细信息可参考链接：http://www.st.com/en/evaluation-tools/32f746gdiscovery.html。

8．Nucleo-F401RE/Nucleo-F411RE

Nucleo 系列开发板是 ST 公司为推广 ST 的微控制器而设计的，它也是 ST 官方最便宜的开发板。Nucleo 开发板上带有 ST-Link/V2 仿真器，可以直接下载和仿真。Nucleo-F401RE/Nucleo-F411RE 是 Nucelo 系列开发板中高性能的型号，Nucleo-F401 开发板如图 3.13 所示，使用了 STM32F401RE/STM32F411RE 控制器，可以很好地支持 MicroPython。

9．Nucleo-L476RG

Nucleo-L476RG 是 Nucleo 系列开发板中低功耗系列，其开发板如图 3.14 所示。它的微控制器型号是 STM32L476RG，不但性能强劲，而且低功耗特性甚至优于很多 8 位单片机。STM32L476RG 的一个特点是可以不用外部高速晶体，使用一个普通的 32kHz 晶体就能校正系统频率，满足 USB 通信需要的时钟精度要求。

图 3.13　Nucleo-F401 开发板

图 3.14　Nucleo-L476 开发板

10．Nucleo-F446ZE

Nucleo-F446ZE 开发板是 Nucleo-144 系列中 Cortex-M4 内核的开发板，带有以太网接口，如图 3.15 所示。

详细参见链接为：http://www.st.com/en/evaluation-tools/nucleo-f446ze.html。

图 3.15　Nucleo-F446ZE 开发板

11．Nucleo-F746ZG/Nucleo-F767ZI

Nucleo-F746ZG/Nucleo-F767ZI 属于 Nucleo144 系列，是高性能的 Cote-M7 内核，带有以太网接口。

详细资料链接为：http://www.st.com/en/evaluation-tools/nucleo-f746zg.html。

12．SensorTile

SensorTile 是 ST 公司为可穿戴和物联网设计的低功耗开发套件，在一个非常小巧的开发板上带有多种传感器和 BLE 功能。

详细资料链接为：http://www.st.com/en/evaluation-tools/steval-stlkt01v1.html。

下面介绍的开发板都是来自国外的开源硬件。

13．ESPRUINO

ESPRUINO 和 MicroPython 一样，也是来自英国，它的特点是可以用 Javascript 编程，但是也支持 MicroPython。

详细资料链接为：http://www.espruino.com/。

14．LIMIFROG

LIMIFROG 可以用于物联网，它紧凑的结构和开放的接口，非常适合做创客的原型设计。

详细资料链接为：http://www.limifrog.io/。

15．HYDRABUS

HYDRABUS 支持多种开发工具的开源硬件。

详细资料链接为：http://hydrabus.com/。

16．FEZ Cerb40

FEZ Cerb40 支持.net 开发的 FEZ Cerb40。

详细资料链接为：https://www.ghielectronics.com/catalog/product/353。

17．NETDUINO PLUS 2

NETDUINO PLUS 2 是又一个支持 .net 开发的开源硬件，外形类似 Arduino Uno。

详细资料链接为：http://www.netduino.com/。

18．OLIMEX E407

OLIMEX 设计的开源硬件，使用了 STM32F407 控制器。

详细资料链接为：https://www.olimex.com/Products/ARM/ST/STM32-E407/open-source-hardware。

19．FireBeetle Board-ESP32

FireBeetle Board - ESP32 板载 ESP-WROOM-32 双核芯片，支持 WiFi 和蓝牙双模通信。开发板支持 USB 和外接锂电池两种供电方式，可实现双电源下自动切换电源功能，并支持 USB 充电功能。

详细资料链接为：http://wiki.dfrobot.com.cn/index.php?title=(SKU:DFR0478)FireBeetle Board- ESP32 主板控制器。

Chapter 4

第4章 pyboard的使用

MicroPython可以在很多硬件平台上运行，其中最早成功应用，也是现在最成熟和稳定的硬件平台就是STM32。MicroPython在Kickstarter上众筹时，使用的型号是STM32F405RG。下面就详细介绍MicroPython在pyboard上的用法。

注： 下面的内容，一部分来自于官方文档，一部分来自于中文社区的帖子，以及作者在学习过程中的心得。需要注意的是，在官方文档中，因为混合了几个不同分支的内容，有些函数其实是不能在pyboard上使用的。

此外MicroPython的代码和文档也在不断更新，如果发现本文和官方文档中有不一致的地方，请以文档和实际测试结果为准。

4.1 快速指南

MicroPython的使用是相当简洁明了的，我们先通过pyboard快速指南中的一些例子，让大家有一个初步认识，大家可以连接开发板，在终端软件中输入代码，查看运行结果。这些例子都是可以直接使用的，通过这些例子，就可以了解MicroPython的基本用法、编程风格，而更详细的用法将在后面章节进行单独说明。在输入代码时，注意字母是区分大小写的。

使用前，大家需要按照前面的说明，安装好串口驱动（在 Win7 以上版本以及 Linux、MacOS 上无须安装驱动）以及终端软件。如果 pyboard 开发板的固件版本较低，建议升级到最新固件，因为新固件在修正了 bug 的同时，增加了很多功能，而一些新功能在低版本固件上不能使用。本书的内容也是针对新版本固件的（请至少升级到 1.8.7 或更高版本）。

1. 通用控制

```
import pyb

pyb.delay(50)         # 延时 50 毫秒
pyb.millis()          # 返回开机后运行时间
pyb.repl_uart(pyb.UART(1, 9600)) # 指定 REPL 到串口 1
pyb.wfi()             # 暂停 CPU 等待中断唤醒
pyb.freq()            # 返回 CPU 和总线的频率
pyb.freq(60000000)  # 设置 CPU 频率为 60MHz
pyb.stop()            # 停止 CPU，等待外部中断唤醒
```

2. LED 控制

```
from pyb import LED

led = LED(1)          # 指定红色 LED
led.toggle()          # 翻转 LED
led.on()              # 开 LED
led.off()             # 关 LED
```

3. Pins 和 GPIO 的使用

```
from pyb import Pin

p_out = Pin('X1', Pin.OUT_PP)  # X1 设置为输出
p_out.high()                    # 输出高电平
p_out.low()                     # 输出低电平

p_in = Pin('X2', Pin.IN, Pin.PULL_UP) # X2 设置为输入，并使能内部上
```

```
拉电阻
    p_in.value()                          # 读取电平
```

4. 舵机控制

```
    from pyb import Servo

    s1 = Servo(1)              # 使用 X1 控制 (X1, VIN, GND)
    s1.angle(45)               # 转到 45°
    s1.angle(-60, 1500)        # 1500ms 内转到-60°
    s1.speed(50)               # 以速度 50 继续转动
```

5. 外部中断

```
    from pyb import Pin, ExtInt

    callback = lambda e: print("intr")  # 设置回调函数
    ext   =   ExtInt(Pin('Y1'),   ExtInt.IRQ_RISING,   Pin.PULL_NONE,
callback) #设置外中断
```

6. 定时器

```
    from pyb import Timer

    tim = Timer(1, freq=1000)   # 定义定时器 1，工作频率是 1000Hz
    tim.counter()               # 读取计数器
    tim.freq(0.5)               # 设定定时器频率是 0.5Hz
    tim.callback(lambda t: pyb.LED(1).toggle()) # 设置回调函数
```

7. PWM（脉宽调制模块）

```
    from pyb import Pin, Timer

    p = Pin('X1')                                # X1 是定时器 2 的 CH1
    tim = Timer(2, freq=1000)
    ch = tim.channel(1, Timer.PWM, pin=p)  # 设置 PWM 引脚
    ch.pulse_width_percent(50)                   # 设置 PWM 输出占空比
```

8. ADC（模数转换）

```
from pyb import Pin, ADC

adc = ADC(Pin('X19'))   # 设定 ADC 输入引脚
adc.read()        # 读取 ADC 转换结果,默认 12 位方式，参数范围是 0～4095
```

9. DAC（数模转换）

```
from pyb import Pin, DAC

dac = DAC(Pin('X5'))    # 设置 DAC 输出引脚
dac.write(120)          # 设置输出电压，默认 8 位模式，参数从 0～255
```

10. UART（串口）

```
from pyb import UART

uart = UART(1, 9600)    # 设置串口号以及波特率
uart.write('hello')     # 输出
uart.read(5)            # 最多读取 5 个字节
```

11. SPI 总线

```
from pyb import SPI

spi = SPI(1, SPI.MASTER, baudrate=200000, polarity=1, phase=0)
# 设置 SPI 参数
spi.send('hello')       # 发送数据
spi.recv(5)             # 读取 5 个字节
spi.send_recv('hello')  # 发送并接收 5 个字节
```

12. I2C 总线

```
from pyb import I2C

i2c = I2C(1, I2C.MASTER, baudrate=100000)  # 设置 I2C 参数
i2c.scan()                          # 搜索总线上设备
i2c.send('hello', 0x42)             # 发送 5 个字节到地址 0x42
```

```
i2c.recv(5, 0x42)               # 从地址 0x42 接收 5 个字节
i2c.mem_read(2, 0x42, 0x10)     # 从 0x42 设备中的内存 0x010 处读取 2 个字节
i2c.mem_write('xy', 0x42, 0x10)# 写入 2 个字节到设备 0x42 的内存地址 0x10
```

13. 加速度传感器

```
acc = pyb.Accel()
acc.x()                                    # 读取 X 轴参数

while True:
    print(acc.x(), acc.y(), acc.z())       # 打印三个轴的数据
    pyb.delay(500)
```

14. 驱动 OLED

```
from machine import I2C
i2c=machine.I2C(1)

from ssd1306 import SSD1306_I2C
oled = SSD1306_I2C(128, 64, i2c)
oled.text("Hello PYBoard", 0, 0)
oled.show()
```

15. 在线演示

上面例程需要在 pyboard 上运行，不过即使没有 pyboard 也没关系，MicroPython 在官方网站上提供了一个在线测试的环境，可以让我们通过浏览器去运行和体验 MicroPython。在线演示如图 4.1 所示。这个在线演示环境可以运行各种例程，查看各种外设和功能模块，如 LED、GPIO、ADC、按键、舵机驱动、延时、数学计算等，可以看到 LED 的变化，但是不支持 I2C、SPI、UART、定时器等硬件功能，因为这个在线演示是通过 QEMU 进行软件仿真的，并不是真实开发板运行（早期的在线演示是在真正开发板上运行，但是访问很慢，因为只有一个开发板而可能会有很多用户访问，同时还会受到网速的限制，参见图 4.2）。

在线仿真运行网址：https://microPython.org/unicorn，

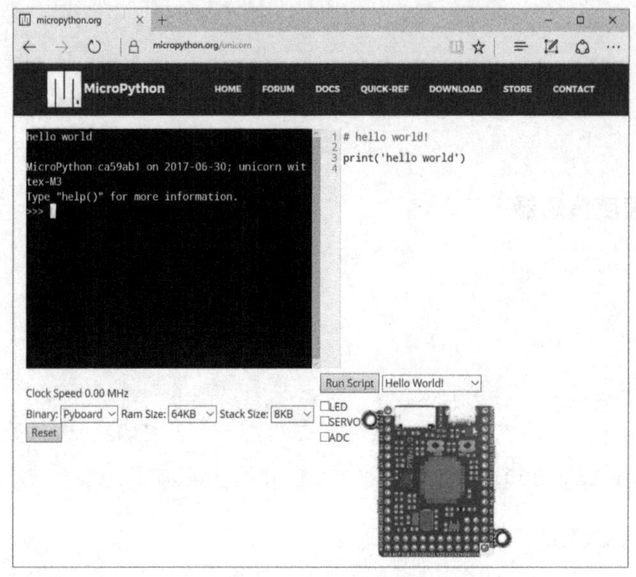

图 4.1　在线演示

早期版本：http://microPython.org/live/。

它连接一个 PYB V10，并带有舵机、液晶、WS2812 等模块，并通过摄像头将运行情况拍摄回来。如果有多人同时访问，则会建立命令队列，依次进行测试。

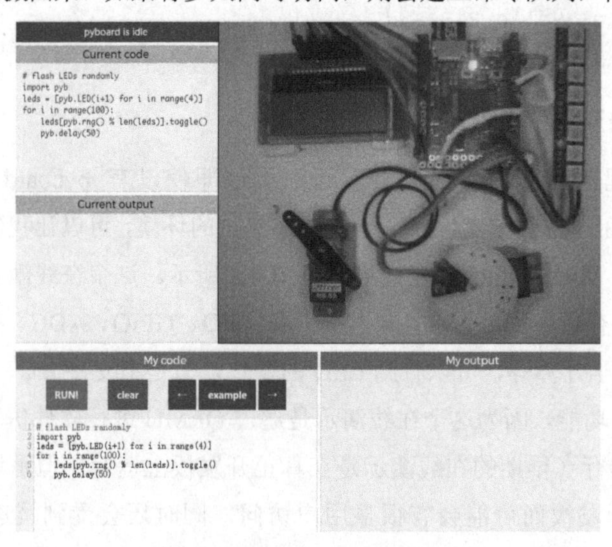

图 4.2　在线演示（早期版本）

4.2 从闪灯开始

大部分开发板的例程，都是从闪灯（控制 LED 闪烁）开始的。因为闪灯的程序简单，也比较直观，不但可以让初学者快速了解基本方法，也可以直观地看到效果。因此我们也会遵循这个惯例，从闪灯开始讲解 MicroPython 的使用。先看下面的例子：

```
import pyb

pyb.LED(1).on()                # 点亮 LED1
pyb.LED(2).on()                # 点亮 LED2
pyb.LED(2).off()               # 关闭 LED2
pyb.LED(3).toggle()            # 翻转 LED3

# 闪灯
while True:
    pyb.LED(1).toggle()        # 翻转 LED1
    pyb.delay(200)             # 延时 200ms
```

在 pyboard 中，我们可以这样控制 LED：

- 打开 LED1

```
pyb.LED(1).on()
```

- 关闭 LED1

```
pyb.LED(1).off()
```

- 翻转 LED1

```
pyb.LED(1).toggle()
```

在 pyboard 中，已经定义好了 LED 对象。我们可以直接通过 pyb.LED(*n*)的方式去控制 LED，序号 *n* 就代表了第几个 LED。LED 的序号是从 1 开始，最大的序号就是开发板上 LED 的数量。不同的 pyboard 上 LED 的数量也不相同，官方的 PYB V10 上有 4 个 LED，而 ST 的 Nucleo 开发板上只有 1 个 LED。

除了打开、关闭、翻转功能外，部分 LED 还可以控制亮度。在 PYB V10 上，LED3 和 LED4 支持亮度调整功能，如可以这样控制 LED3 的亮度：

```
pyb.LED(3).intensity(100)
```

亮度的范围为 0～255，0 最暗（关闭），255 最亮。对于那些不支持亮度功能的 LED，在设置亮度时，0 是关，大于 0 就是开。

1．跑马灯

知道了控制 LED 的基本方法，我们就可以做出多种效果的跑马灯了。

下面的代码功能是先将 4 个 LED 做一个列表，然后轮流点亮列表中的每个 LED，延时 200ms 后关闭，这样就形成了一个跑马灯（流水灯）的效果。

```
leds = [pyb.LED(i) for i in range(1,5)]  # 定义 LED

n = 0
while True:                          # 循环
    n = (n + 1) % 4
    leds[n].on()                     # 点亮 LED
    pyb.delay(200)                   # 演示
    leds[n].off()                    # 关闭 LED
```

2．往返式跑马灯

前面的跑马灯是单向的，下面演示了双向跑马灯（往返式）。

```
n = 1                               # 定义变量
dn = 1
while True:
    pyb.LED(n).toggle()             # 翻转 LED
    pyb.delay(500)                  # 延时
    pyb.LED(n).toggle()             # 再次翻转
    n = n + dn                      # 改变 LED 序号
    if (n > 3) or (n < 2):
        dn = -dn                    # 改变方向
```

3. LED 构造函数

- class pyb.LED(id)

创建 LED 对象，在 PYB 上，id 的范围是 1～4，在其他开发板上 LED 的数量与具体的开发板相关。

4. LED 的方法

- LED.intensity([value])

读取或者设置 LED 亮度。亮度的范围是 0（熄灭）到 255（最亮）。

注意：只有 LED(3)和 LED(4)支持亮度调节功能，它们使用定时器的 PWM 方式来控制 LED 的亮度。LED(3)使用定时器 2，LED(4)使用定时器 3（如果改变了定时器 2/3 的参数，亮度调整功能会受到影响）。只有在使用了 LED.intensity()功能，并且参数在 1～254 之间时定时器才会自动配置为 PWM 模式。

- LED.off()

关闭 LED。

- LED.on()

打开 LED。

- LED.toggle()

翻转 LED。如果原来状态是开，将变为关；原来是关，现在就变为开。

4.3 按键的使用

除了 LED，在 pyboard 上也定义了用户按键，我们可以通过下面的方法读取按键的状态：

```
sw = pyb.Switch()    # 定义按键对象
sw()                 # 读取按键
```

如果按下了按键，就返回 True，否则返回 False。

我们还可以定义一个按键的回调函数（类似 C 语言里的中断函数），当按下按键时将自动执行这个回调函数。下面定义的回调函数中，每当按下一次按键，就将翻转一次 LED1。

```
sw.callback(lambda:pyb.LED(1).toggle())
```

如果不喜欢使用 lambda 函数，也可以单独定义一个回调函数，这也适合回调函数比较复杂的情况：

```
def f():              # 定义回调函数
   pyb.LED(1).toggle()

sw.callback(f)        # 设置按键回调函数
```

在 pyboard 中，只定义了一个用户按键。如果开发板上有多个按键，就需要自己去控制，而不能使用 pyb.Switch()了。具体方法可以参考后面 GPIO 小节。

从 LED 和按键的使用方法中，我们可以看出，MicroPython 的使用是非常简单和轻松的，很多功能直接就能够使用。我们不用再去关心 LED 和按键的底层在单片机上是怎样实现的，重点可以放在应用上。

4.4 GPIO 的使用

按键和 LED 其实就代表了 GPIO 的两种最基本的使用方法：输入和输出，下面就完整地介绍 GPIO 的使用。

首先我们需要导入 pyb 中的 Pin 模块，然后就可以定义一个 Pin 对象，及其使用的引脚和功能。

```
from pyb import Pin
cs = Pin(Pin.cpu.A0)    # 定义 GPIO
cs.init(Pin.OUT)        # 初始化 GPIO
```

上面代码中，cs 就是我们给一个 GPIO 起的名称，可以用任何变量名，但使用和功能对应、简单容易记忆的名称是一个好的习惯。而 Pin.cpu.A0 代表使用的 GPIO 端口，后面我们就可以通过 cs 去操作这个端口。最后通过 init()函数，设置 cs 为输出功能。

我们知道一个标准的 GPIO 可以设置为输入或者输出，在 MicroPython 中，可以用 init()函数去设置 Pin 的功能，除了通用输出外，还可以设置推挽方式输出和开漏输出：

```
cs.init(Pin.OUT)         # 设置为通用输出
cs.init(Pin.OUT_PP)      # 设置为推挽方式输出
cs.init(Pin.OUT_OD)      # 设置为开漏方式输出
cs.init(Pin.IN)          # 设置输入
```

对于输入，还可以设置内部的上拉下拉电阻状态，比如设置上拉电阻的方法是：

```
cs.init(Pin.IN, pull=PULL_UP)   # 设置输入，并使用内部上拉电阻
```

需要下拉电阻时设置 pull 参数为：pull=PULL_DOWN，而不需要上拉下拉电阻时就设置 pull = PULL_NONE。

上面是将 GPIO 的定义和模式分开设置的，这样比较好理解。但是通常情况下，我们会将它们放在一起定义，这样更加简洁高效，如：

```
cs = Pin(Pin.cpu.A0, Pin.OUT_PP)
cs = Pin(Pin.cpu.A0, Pin.IN, pull=Pin.PULL_UP)
```

对于 GPIO 的输出，我们可以使用下面方法控制：

```
cs.high()        #设置高电平
cs(1)
cs.low()         #设置低电平
cs(0)
```

也可以使用 value()函数设置输出电平：

```
cs.value(1)
cs.value(0)
```

对于 GPIO 的输入，可以直接读取：

```
cs()
```

或者使用不带参数的 value()函数：

```
cs.value()
```

如果是高电平返回 1，低电平返回 0。

前面介绍了 LED 和按键，其实就是 GPIO 的特殊用法，一个是 GPIO 的输出，一个是 GPIO 的输入。在 PYB V10 上，我们也可以这样使用 LED1 和按键：

```
# LED1
LED1 = Pin(Pin.cpu.A13, Pin.OUT_PP)
LED1.high()
LED1.low()
LED1(1)
LED1(0)

# 按键
sw = Pin("X17")
sw = Pin('X17', Pin.IN, Pin.PULL_UP)
sw = Pin(Pin(Pin.cpu.B3, Pin.IN, Pin.PULL_UP)
sw()
```

4.4.1 GPIO 的其他函数

前面介绍了 Pin 的常用函数：init()、value()、high()、low()，GPIO 还有下面一些常用函数：

● pyb.Pin(id, ...)

定义 GPIO。

● init(mode, pull=Pin.PULL_NONE, af=-1)

初始化 GPIO。

mode：

◆ Pin.IN - 输入

◆ Pin.OUT_PP - 推挽输出（push-pull）

◆ Pin.OUT_OD - 开漏输出（open-drain）

◆ Pin.AF_PP - 第二功能，推挽模式

◆ Pin.AF_OD - 第二功能，开漏模式

◆ Pin.ANALOG - 模拟功能

pull

◆ Pin.PULL_NONE - 无上拉下拉

◆ Pin.PULL_UP - 上拉

◆ Pin.PULL_DOWN - 下拉

af，当 mode 是 Pin.AF_PP 或 Pin.AF_OD 时，可以选择第二功能索引或名称

● af_list()

返回 GPIO 的第二功能列表，如：

```
>>> Pin.af_list(pyb.Pin.board.X1)
[Pin.AF1_TIM2, Pin.AF1_TIM2, Pin.AF2_TIM5, Pin.AF3_TIM8, Pin.AF7_
USART2, Pin.AF8_UART4]

>>> Pin.af_list(Pin("X17"))
[Pin.AF1_TIM2, Pin.AF5_SPI1]
```

通过这个函数，我们可以具体查看一个 GPIO 有哪些第二功能。

注：>>>代表的是 Python 的提示符，并不需要输入。

● af()

返回 GPIO 第二功能索引值，如果没有使用第二功能将返回 0，否则返回实际的索引值。

注意这个索引值并不是对应 af_list()函数返回的列表，而是控制器手册中的第二功能映射表。PYB V10 使用的控制器是 STM32F405RG，可以参考它的数据手册第 61 页的“Table 9. Alternate function mapping”。

如，PA11 是 AF10_USB_DM 功能：

```
>>> Pin.af_list(Pin("A11"))
[Pin.AF1_TIM1, Pin.AF7_USART1]
>>> Pin.af(Pin("A11"))
10
```

● gpio()

当前 GPIO 关联寄存器的基本地址。

● mode()

设置或获取 GPIO 的模式，mode 含义可以参考 init()函数中相关参数的说明。

● name()

返回 GPIO 的名称，如：

```
>>> Pin.name(Pin("X17"))
'B3'
>>> ain=Pin(Pin.cpu.A0)
>>> ain.name()
'A0'
```

● names()

返回 GPIO 和别名，如：

```
>>> ain.names()
['A0', 'X1']
>>> sw.names()
['B3', 'X17', 'SW']
```

● pin()

返回引脚在端口中的序号，如：

```
>>> sw.pin()
3
```

● port()

返回端口序号，如：

```
>>> sw.port()
1
```

端口 A 的序号是 0，端口 B 的序号是 1，端口 C 的序号是 2，以此类推。按键 sw 对应的引脚是 B3，因此返回值是 1。

● pull()

引脚的上拉状态。具体参数含义参考 init()函数中 pull 参数。

```
>>> sw.pull()
1
```

4.4.2 GPIO 的别名

在前面的例子中，大家可能发现了在定义 GPIO 时我们使用了两种不同方式的名称，一种是：

```
Pin(Pin.cpu.A0)
```

另外一种是：

```
Pin("X17")
```

第一种方式使用 MCU 的引脚名称，比较直观，但是比较长，如图 4.3 所示；第二种方式是为 GPIO 起一个别名（小名），如表 4.1 表示，通过这个别名去使用 GPIO，比较简洁。GPIO 的别名并不是 GPIO 的定义，它只是为了方便区分不同的 GPIO，从而方便后面编程使用。

在 PYB V10 上有两排排针，从板子中心分为两个部分。上边的以字母"Y"加数字命名，下边的以字母"X"加数字命名。注意"X"、"Y"这种方式只是 MicroPython 团队给出的一种命名方式，并不是一种标准。

GPIO 的别名不同于 GPIO 的变量名，它是可以任意起的，它是在编译固件时就设定好，一个 GPIO 可以有多个别名。如，对于用户按键，就有"X17"、"SW"等别名，我们可以用下面几种方式定义，效果是完全一样的：

```
from pyb import Pin


btn = Pin("SW")
btn = Pin("X17")
btn = Pin(Pin.cpu.B3)
```

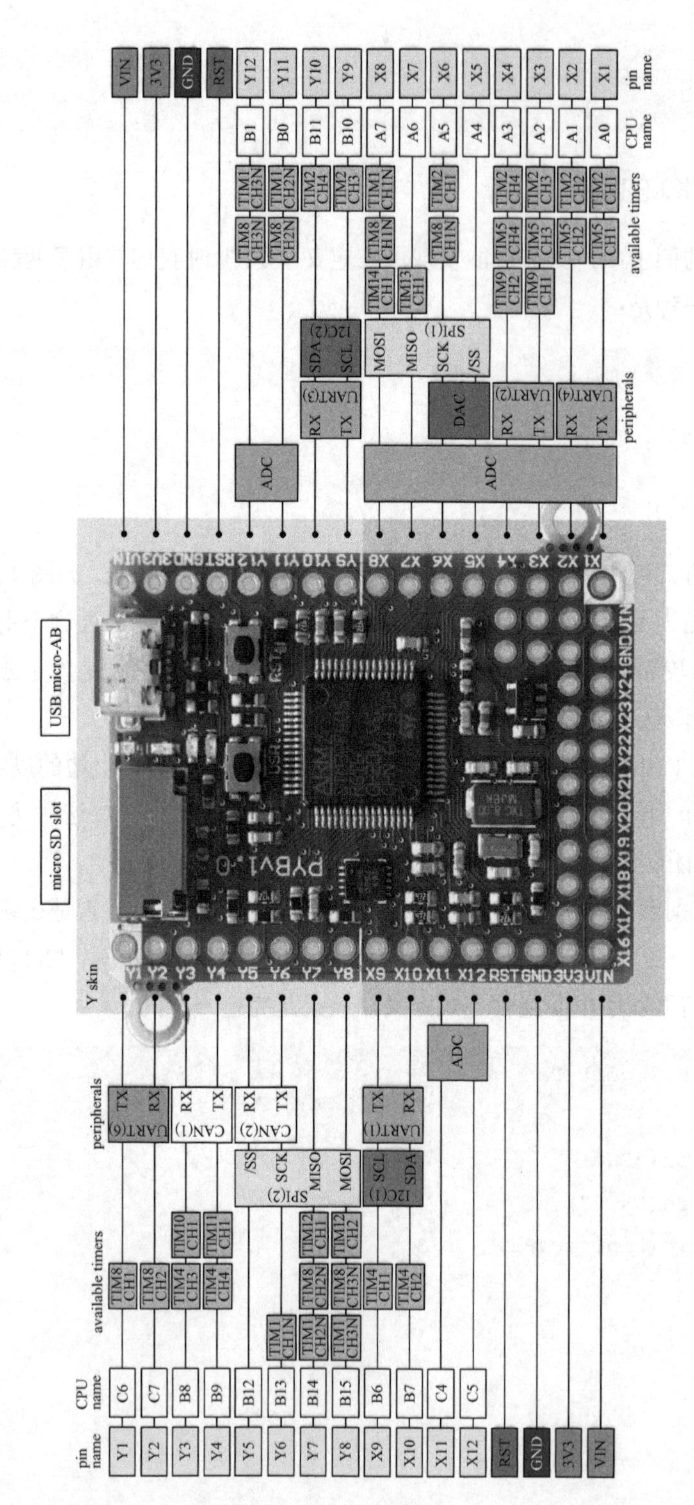

图4.3 PYBV1.0 GPIO引脚定义

表 4.1　GPIO 的别名

LED_RED	LED(1)
LED_GREEN	LED(2)
LED_YELLOW	LED(3)
LED_BLUE	LED(4)
X13、Y13	RESET
USB_VBUS	PA9
MMA_AVDD	PB5
X16	VIN
X14、Y14	GND
X15、Y15	3.3V
X23	A3.3V
X24	AGND

4.4.3　直接用端口名称

GPIO 除了前面的几种方式外，还有一种更加简单直观的方法，就是直接用端口名称，如：

```
cs = Pin("A0", Pin.OUT_PP)
din = Pin("A1")
```

这种方法在官方文档中没有直接说明，但是比前面方法更简洁，更加容易使用，也比较符合嵌入式工程师的习惯。

注：在有些 pyboard 中还可以使用 Pin("PA1")这样的用法，但是在 PYB V10 上不支持这种方式。

4.5　ADC 模数转换

ADC（模拟信号转换为数字量）是嵌入式中最常用的功能之一，在 MicroPython 同样也提供了相应的函数，可以直接读取 ADC 转换的结果。在 pyboard 中，我们需要先导入 ADC 模块，再指定一个 ADC 使用的 GPIO，然后就可以读取指定 GPIO 上 ADC 转换的结果了：

```
from pyb import ADC

v = ADC(Pin.cpu.A0)        # 定义 ADC 对象
v.read()                   # 读取 ADC 结果
```

通过 read()函数读取的 ADC 结果是 12 位的，数值范围为 0～4095。

这个方法非常简单，但是不够灵活，不能设置 ADC 转换的参数。因此在 pyboard 中，还另外提供了一种使用 ADC 的方法，它先用 ADCALL 函数设置 ADC 的转换位数，然后用 read_channel()函数读取指定通道的 ADC 转换结果。

```
adc = pyb.ADCALLL(12)    # 可以设置为 8、10 或者 12
adc.read_channel(0)      # 读取通道 0：PA0
adc.read_channel(2)      # 读取通道 2：PA2
```

pyb.ADCAll()函数会影响所有的 ADC 端口，因此这两种 ADC 的方法不要混合使用。

在不需要高精度 ADC 时，可以通过降低 ADC 的位数来提高转换速度，还可以通过 pyb.ADCALLL()读取内部传感器。

上面介绍的第二种 ADC 方法还有一个优点，就是可以读取芯片内部的温度传感器、vbat 电压和基准电压等参数。

```
adc.read_core_temp()     #读取内部温度传感器
adc.read_core_vbat()     #读取 vbat 电压
adc.read_core_vref()     #读取内部基准 vref 电压
```

注意读取内部传感器时，尽量将 ADC 位数设置高一些，这样转换结果的误差才比较小。

4.6 DAC 数模转换

在 PYB V10 上，使用了 STM32F45RG 控制器，它包含两路 DAC。利用 DAC，我们可以产生 0～3.3V 的电压，也可以产生各种波形，甚至播放音乐。DAC 的基本用法是：

```
from pyb import DAC

dac = DAC(1)                # X5 引脚作为 DAC 输出
dac.write(128)              # 输出 1.65V（默认 8 位精度）

dac = DAC(1, bits=12)       # 设置 DAC1 为 12 位精度
dac.write(4095)             # 输出 3.3V
```

因为 PYB V10 有两路 DAC，所以 DAC 函数的参数可以是 1 或 2，分别对应这两路硬件 DAC 输出。它们对应的 GPIO 是 X5 和 X6，也就是 PA4 和 PA5。

注意一些 STM32 控制器中没有 DAC 模块，这样的 pyboard 不能使用 DAC 功能。

1. 三角波

pyb 模块中的 DAC 模块已经自带了三角波功能，我们通过 triangle()函数就可以自动产生三角波。函数的参数代表 DAC 刷新的频率，而一个三角波包含 2048 个点，因此函数的参数除以 2048 就代表三角波的频率。

```
from pyb import DAC

dac = DAC(1)
dac.triangle(204800)
```

通过示波器，我们可以看到实际波形如图 4.4 所示。

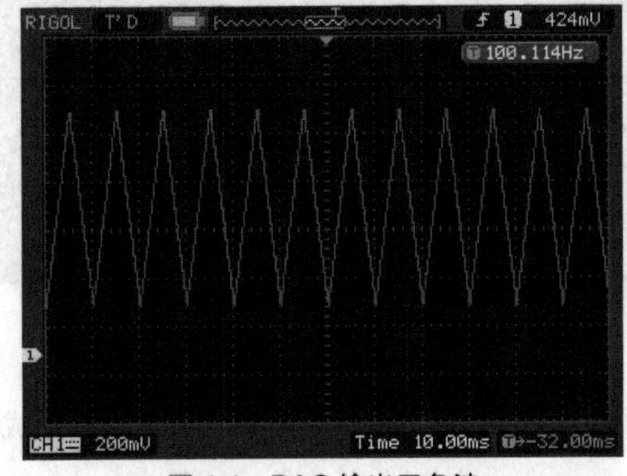

图 4.4　DAC 输出三角波

2. 输出正弦波

利用 DAC，我们可以轻松实现简易正弦波发生器。

```
import math
from pyb import DAC

# 创建正弦波的缓存
buf = bytearray(100)
for i in range(len(buf)):
    buf[i] = 128 + int(127 * math.sin(2 * math.pi * i / len(buf)))

# 以 400Hz 频率输出正弦波
dac = DAC(1)
dac.write_timed(buf, 400 * len(buf), mode=DAC.CIRCULAR)
```

这段程序中，我们首先计算正弦波的数据，并将它保存到一个数组中；然后使用 write_timed 函数周期改变 DAC，从而产生正弦波，如图 4.5 所示。write_timed 函数默认使用定时器 6，因此使用 dac 时不要修改定时器 6 的参数。

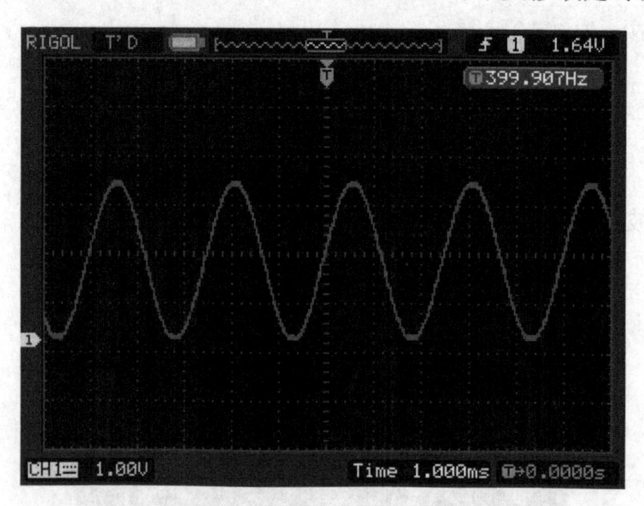

图 4.5　DAC 输出正弦波

上面的正弦波是 8 位精度的，波形会有锯齿感。如果改成 12 位精度，波形就会平滑多了。

```
import math
from array import array
from pyb import DAC

# 创建正弦波缓存，使用 12 位精度
buf = array('H', 2048 + int(2047 * math.sin(2 * math.pi * i / 128))
for i in range(128))

# 输出 400Hz 的正弦波
dac = DAC(1, bits=12)
dac.write_timed(buf, 400 * len(buf), mode=DAC.CIRCULAR)
```

3．产生噪声

使用 DAC 模块的 noise()函数还可以生成伪随机噪声，如图 4.6 所示，在产品测试、模拟信号仿真等应用上可以用到这个功能。

```
from pyb import DAC

dac = DAC(1)
dac.noise(500)  # 在 DAC1 上输出噪声信号
```

noise()函数的参数是噪声的频率。

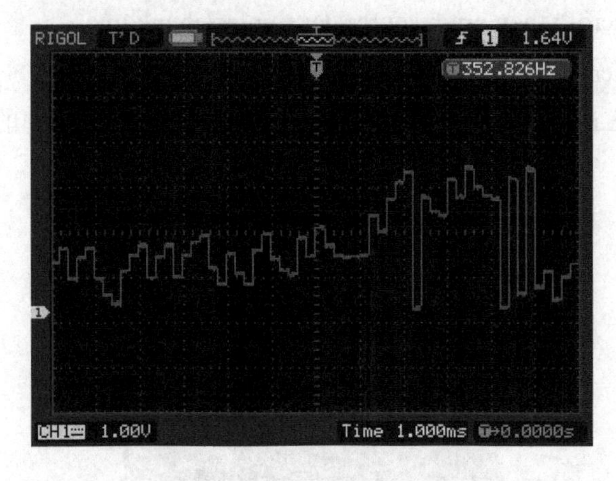

图 4.6　DAC 输出噪声信号

4. 播放音乐

大家可能都知道使用 DAC 可以播放 wav 文件。PYB V10 上带有两路 DAC，也可以播放音乐（参见图 4.7）。当然受限于 MCU 的资源，目前只能播放 WAV 文件。而因为 STM32F405 的 SRAM 不是太大，所以不能直接播放太大的文件。

为了播放 wave 文件，我们首先要下载 wave 库和 chunk 库，然后准备 wav 文件，并将 wav 文件转换成 8 比特单声道格式，因为目前 wave 库只能识别这个格式。

再将上面的文件都复制到 SD 卡或者 PYBFlash 磁盘的根目录，按下 Ctrl - D 复位，让 pyboard 可以识别到新增加的文件。

最后输入下面的代码，将 X5 输出信号连接到耳机或者音箱的输入，就可以听到音乐了。

```
import wave
from pyb import DAC
dac = DAC(1)                              # 指定 DAC
f = wave.open('test.wav')                 # 打开 wave 文件
dac.write_timed(f.readframes(f.getnframes()), f.getframerate(),
mode=DAC.CIRCULAR)
```

参考文件：

- http://microPython.org/resources/examples/wave.py
- http://microPython.org/resources/examples/chunk.py
- http://microPython.org/resources/examples/test.wav

注：如果在 import wave 时出现错误，请将文件 wave.py 中的_collections 改为 collections。

图 4.7　DAC 通过音箱播放音乐

4.7　定时器（Timer）

定时器是嵌入式系统中最基本的功能之一，它除了可以实现定时器功能外，还能够实现延时、PWM 输出、波形发生器、舵机控制、节拍器、周期唤醒、自动数据采集等功能。在 MicroPython 中，很多函数的功能也依赖定时器。

定时器的使用方法是先导入 Timer 模块，然后定义定时器，设置定时器 ID、频率、回调函数等参数。如：

```
from pyb import Timer
tm=Timer(1, freq=100)                    # 使用定时器 1，频率 100Hz
tm=Timer(4, freq=200, callback=f)  # 使用定时器 4，并设置回调函数
```

定时器的基本函数有以下几个。

（1）Timer(*n*)

定义 Timer，*n*=1～14。

更多定义方式：

```
tm=Timer(1, freq=100)
tm=Timer(4, freq=200, callback=f)
```

（2）init(freq, prescaler, period, ...)

初始化定时器，各参数的含义如下：

◆ freq，频率，可以是浮点数。

◆ prescaler，预分频，[0～0xffff]，定时器频率是系统时钟除以（prescaler+1）。定时器 2～7 和 12～14 的最高频率是 84MHz，定时器 1、8～11 的最高频率是 168MHz。

◆ peroid，周期值（ARR）。定时器 1/3/4/6～15 是[0～0xffff]，定时器 2 和 5 是[0～0x3fffffff]。

◆ mode，计数模式，可选参数有

Timer.UP——从 0 到 ARR（默认）；

Timer.DOWN——从 ARR 到 0；

Timer.CENTER——从 0 到 ARR，然后到 0。

◆ div，用于数值滤波器采样时钟，范围是 1/2/4。

◆ callback，定义回调函数，和 Timer.callback()功能相同。

◆ deadtime，死区时间，通道切换时的停止时间（两个通道都不会工作）。范围是[0…1008]，它有如下限制：

0～128 步距是 1；

128～256 步距是 2；

256～512 步距是 8；

512～1008 步距是 16。

deadtime 的测量是用 source_freq 除以 div，它只对定时器 1～8 有效。

（3）tm.freq(100)，

设置频率。注意频率参数可以是浮点数，如 0.5。

（4）tm.callback()

定义回调函数。

（5）tm.callback(None)

禁用回调函数。

（6）channel(channel, mode, ...)

设置定时器通道。

◆ channel，定时器通道号

◆ mode，模式

Timer.PWM，PWM 模式（高电平方式）

Timer.PWM_INVERTED，PWM 模式（反相方式）

Timer.OC_TIMING，不驱动 GPIO

Timer.OC_ACTIVE，比较匹配，高电平输出

Timer.OC_INACTIVE，比较匹配，低电平输出

Timer.OC_TOGGLE，比较匹配，翻转输出

Timer.OC_FORCED_ACTIVE，强制高，忽略比较匹配

Timer.OC_FORCED_INACTIVE，强制低，忽略比较匹配

Timer.IC，输入捕捉模式

Timer.ENC_A，编码模式，仅在 CH1 改变时修改计数器

Timer.ENC_B，编码模式，仅在 CH2 改变时修改计数器

◆ callback，每个通道的回调函数

◆ pin，驱动 GPIO，可以是 None

在不同模式（mode）下，还可以设置额外参数。

如在 Timer.PWM 模式下的参数：

◆ pulse_width，脉冲宽度；

◆ pulse_width_percent，百分比计算的占空比。

在 Timer.OC 模式下的参数：

◆ compare，比较匹配寄存器初始值；

◆ polarity，极性；

◆ Timer.HIGH，输出高；

◆ Timer.LOW，输出低。

在 Timer.IC 模式下的参数（捕捉模式只有在主通道有效）：

◆ polarity

Timer.RISING，上升沿捕捉；

Timer.FALLING，下降沿捕捉；

Timer.BOTH，上升下降沿同时捕捉。

Timer.ENC 模式：

需要配置两个 Pin；

使用 timer.counter()方法读取编码值；

只在 CH1 或 CH2 上工作（CH1N 和 CH2N 不工作）；

编码模式时忽略通道号。

（7）counter([value])

设置或获取定时器计数值。

（8）timer.freq([value])

设置或获取定时器频率。

（9）timer.period([value])

设置或获取定时器周期。

（10）timer.prescaler([value])

设置或获取定时器预分频。

（11）timer.source_freq()

获取定时器源频率（无预分频）。

注：STM32 控制器内部有多个定时器，这些定时器都可以作为通用定时器。但是在 PYB V10 中，定时器 2/3 被用于内部程序模块和 LED 亮度控制，定时器 5/6 用于伺服系统和 ADC、DAC 等模块，因此一般我们不使用这几个定时器，避免造成功能冲突。

1．用定时器控制 LED

前面介绍了定时器的基本功能和相关函数，下面就演示定时器的更多用法。

在前面闪灯的例子中，我们用了延时的方法。这样虽然简单，但是系统的运行效率很低，延时的时候系统就不能处理其他任务。使用定时器，就可以避免这个问题，我们可以在定时器回调函数中去控制 LED，执行各种功能，而平时控制器可以执行其他功能，互不影响。

```
from pyb import Timer

tim = Timer(1, freq=1)                          # 使用定时器 1
tim.callback(lambda t: pyb.LED(1).toggle())     # 每秒翻转一次 LED1
```

代码首先定义定时器 1，并设置频率是 1Hz，然后在定时器 1 的回调函数中翻转 LED1，就实现了闪灯的功能，改变定时器的频率就可以改变闪灯的速度。

2．定时器控制跑马灯

用定时器控制跑马灯同样方便，下面的代码就演示了用定时器 1 控制跑马灯。注意在定时器的回调函数中，虽然实际没有使用到参数 t，但是仍然需要定义一个伪参数，不然执行回调函数时就会产生一个异常。

```
from pyb import Timer

n = 0
def f(t):                             # 定义回调函数
    global n                          # 定义全局变量
    n = (n+1)%4                       # 改变变量
```

```
    pyb.LED(n).toggle()                      # 翻转 LED

tm = Timer(1, freq = 20, callback = f)  # 设置定时器
```

3. 呼吸灯

PYB V10 的 LED3 和 LED4 支持改变亮度功能，利用这个特点，我们在定时器中周期性地改变 LED 的亮度，就可以实现呼吸灯的效果了。

```
from pyb import Timer

i = 0
def f(t):                                # 定义回调函数
    global i
    i = (i+1)%255                        # 设置亮度参数
    pyb.LED(4).intensity(i)              # 设置 LED 亮度

tm=Timer(4, freq=200, callback=f)        # 设置定时器
```

这个呼吸灯是从暗变亮，达到最亮后又重新从最暗变到最亮。如果我们稍微修改一下变化方式，就可以实现逐渐变亮，然后逐渐变暗的效果，这样视觉效果更好。

```
from pyb import Timer

ia = 1                                   # 定义变量
da = 1
def fa(t):                               # 设置回调函数
    global ia, da                        # 声明全局变量
    if (ia==0)or(ia==255):               # 判断亮度方向
        da=256-da
    ia=(ia+da)%256                       # 改变亮度参数
    pyb.LED(3).intensity(ia)             # 设置 LED3 亮度

tm=Timer(1, freq=200, callback=fa)       # 设置定时器
```

在 PYB V10 上，只有 LED3 和 LED4 支持改变亮度。而在 PYB Nano 上，4 个 LED 都支持亮度调节功能。如果轮流让 LED 显示呼吸灯，效果就会更加绚丽。这个功能就留给读者来实现了。

4．PWM

在大部分微控制器上，PWM 其实是定时器的一种工作模式。定时器可以控制多个通道，分布控制不同的 GPIO 输出可变频率和占空比的方波。同一个定时器下的不同 PWM 通道，频率都是相同的，但是可以分别设置不同的占空比。

PWM 功能需要使用 Timer 和 Pin 两个模块，首先定义 Timer 并设置定时器的基本工作参数，然后指定 Timer 的通道，并设定 PWM 模式及关联的 Pin，最后设置输出脉冲宽度或者脉冲宽度百分比（占空比）。

下面例子演示了使用 PWM 控制 PYB V10 上 LED3 和 LED4，通过改变占空比和频率，就可以改变 LED 亮度或者闪烁频率。

```
    from pyb import Pin, Timer

    tm2=Timer(2, freq=100)                              # 设置定时器 2 和 3
    tm3=Timer(3, freq=200)
    led3=tm2.channel(1, Timer.PWM, pin=Pin.cpu.A15)# 设置 PWM 通道
    led3.pulse_width_percent(10)                        # 设置 LED3 亮度 10%
    led4=tm3.channel(1,  Timer.PWM,  pin=Pin.cpu.B4,  pulse_width_
percent=50)                                             #设置 LED 亮度 50%
```

4.8 UART

UART 是 Universal Asynchronous Receiver/Transmitter（通用异步收发传输器）的简称，在单片机和嵌入式系统中，串口（UART）一直都是非常重要的外设。虽然串口的速度并不快，但是因为它使用简单（串口可能是两个芯片之间传输数据最简单的方式），占用软件和硬件资源少，所以在通信、控制、数据传输、仿真调试等许多方面有非常广泛应用。很多设备或者模块甚至都会提供专用的串口接口用于通信和控制，如 GPRS 模块、蓝牙/WiFi 透传模块等。UART 使用一个 GPIO 做发送，一个 GPIO 做接收，没有单独的时钟信号。收发双方需

要先约定好相同的波特率、数据位、校验位、停止位等参数才能正常通信，所以也叫做异步串行总线。

在 MicroPython 中，操作串口和使用 GPIO 一样简单。我们先看看串口的常用函数，从这里就可以看出串口的基本使用方法。

```
from pyb import UART

u1 = UART(1, 9600)        # 设置波特率和串口号
u1.writechar(65)          # 发送字符"A"
u1.write('123')           # 发送字符串"123"
u1.readchar()             # 从接收缓冲区读取一个字符
u1.readall()              # 读取缓冲区全部内容
u1.readline()             # 读取一行
u1.read(10)               # 读取 10 个字节
u1.readinto(buf)          # 读取缓冲区内容并存放到缓冲区 buf
u1.any()                  # 检测缓冲区是否收到数据
```

串口的基本使用方式是，首先定义使用的串口，再设置串口参数（最主要就是设置波特率），然后通过 write()函数发送缓冲区或者字符串。或者用 any()函数判断是否接收到数据，再用 read()函数读取数据。

UART 的函数如下：

（1）class pyb.UART(bus, ...)

bus: 1-6，或者‘XA’，‘XB’，‘YA’，‘YB’。

在 PYB V10 上，串口对应的 GPIO 是：

```
UART(4) 位于 XA: (TX, RX) = (X1, X2)  = (PA0,  PA1)
UART(1) 位于 XB: (TX, RX) = (X9, X10) = (PB6,  PB7)
UART(6) 位于 YA: (TX, RX) = (Y1, Y2)  = (PC6,  PC7)
UART(3) 位于 YB: (TX, RX) = (Y9, Y10) = (PB10, PB11)
UART(2)        : (TX, RX) = (X3, X4)  = (PA2,  PA3)
```

在其他开发板上，UART 的引脚可能会不同。

（2）uart.init(baudrate, bits=8, parity=None, stop=1, timeout=1000, flow=None, timeout_char=0, read_buf_len=64)

串口初始化。

◆ baudrate：波特率

◆ bits：数据位，可以是 7/8/9

◆ parity：奇偶校验位，可以设置为 None, 0 (even)或 1 (odd)，默认无校验

◆ stop：停止位，1/2

◆ flow：流量控制，可以是 None，UART.RTS，UART.CTS 或 UART.RTS | UART.CTS，默认 None（无流量控制）

◆ timeout：读取一个字节的超时时间（ms）

◆ timeout_char：读或写时两个字节之间的等待时间

◆ read_buf_len：读缓存的长度，0 代表禁用缓冲区

（3）uart.deinit()

关闭串口。

（4）uart.any()

返回缓冲区数据个数，大于 0 代表收到数据。

（5）uart.writechar(char)

写入一个字节。

（6）uart.read([nbytes])

读取最多 nbytes 个字节。如果数据位是 9bits，那么一个数据占用两个字节，并且 nbytes 必须是偶数。

（7）uart.readall()

读取所有数据。

（8）uart.readchar()

读取一个字节。

（9）uart.readinto(buf[, nbytes])

buf：数据缓冲区；

nbytes：最大读取数量。

（10）uart.readline()

读取一行。

（11）uart.write(buf)

写入缓冲区。在 9bits 模式下，两个字节算一个数据。

（12）uart.sendbreak()

往总线上发送停止状态，拉低总线 13bits 时间。

注：

当设置波特率时，如果波特率的误差超过 5%，将引起一个异常。

当无奇偶校验时，数据位可以设置为 8 或 9 位；而使用奇偶校验时，数据位只能设置成 7 或 8 位。

在 9 位数据位模式下，无论读或写，一个数据都占用 2 个字节。

目前在 MicroPython 中，串口还不支持回调函数（中断），只能通过查询的方式（any()函数）来判断是否收到了数据。考虑到串口通信的速度不是太快，在大部分情况下这种方式是能够满足性能上的要求的。

在 PYB V10 上，只有串口 2 和 3 支持流量控制功能。

```
UART(2): (TX, RX, nRTS, nCTS) = (X3, X4, X2, X1) = (PA2, PA3,
PA1, PA0)
UART(3):(TX, RX, nRTS, nCTS) = (Y9, Y10, Y7, Y6) = (PB10, PB11,
PB14, PB13)
```

在其他开发板上，要根据具体的硬件配置决定串口是否支持流量控制功能。不过流量控制功能现在使用得很少，即使不支持也没有太大影响。

4.9 I2C

如果说 UART 主要是用于设备之间的通信，那么 I2C 主要就是用于芯片之间的通信。I2C 是 two-wire serial protocol（双线串行通信协议，有的地方也叫做 Inter-integrated circuit）的简称，它是嵌入式系统中最常用的接口之一。I2C 只需要使用 SDA 和 SCL 两个信号线，就可以和其他带有 I2C 接口的芯片连接，一个 I2C 总线上可以挂载多个芯片，因此可以减少连线的数量。I2C 接口的主要特点是信号线采用开漏连接方式以及支持总线连接（UART 一般情况只能一对一连接），并且支持多个主机以及冲突管理机制。因为 I2C 和 SPI 都有独立的时钟信号，所以也叫做同步串行总线，数据传输速率也比 UART 快。

和 UART 接口相比，I2C 接口虽然也只需要两个信号线，但是 I2C 的时序复杂很多，编程和调试也更困难。MicroPython 将 I2C 接口的常用功能进行了合理的封装，使我们在使用 I2C 时，和使用 UART 时差不多，让编程得到了极大的简化。我们先看看在 MicroPython 中 I2C 的基本使用方法：

```
from pyb import I2C

i2c = I2C(1)                              # 使用 I2C1
i2c = I2C(1, I2C.MASTER)                  # 使用 I2C1 并设置为主机模式
i2c.init(I2C.MASTER, baudrate=20000)      # 初始化
i2c.init(I2C.SLAVE, addr=0x42)            # 设置为从机模式，地址是 0x42
i2c.scan()                                # 搜索总线上的设备
i2c.deinit()                              # 关闭 I2C

i2c.send('abc')                           # 发送 3 个字节
i2c.send(0x42)                            # 发送一个字节数据
data = i2c.recv(3)                        # 接收 3 个字节

data = bytearray(3)                       # 创建缓冲区
i2c.recv(data)                            # 接收 3 个字节并写入缓冲区

i2c.send(b'123', timeout=2000)            # 设置发送超时时间 2 秒
i2c.init(I2C.MASTER)
i2c.send('123', 0x42)                     # 发送 3 个字节到从机 0x42
i2c.send(b'456', addr=0x42)               # 使用 addr 关键字
```

从上面代码中，我们可以了解 I2C 的基本使用方法。首先是导入 I2C 模块，然后定义使用的 I2C 接口，再设置参数，接下来就可以发送和接收数据了（可以一次发送和接收多个字节）。使用方法和 UART 部分类似，主要就是初始化、发送和接收，在 MicroPython 中，I2C 模块将初始化、发送、接收等功能都封装好了，我们不需要再去关心底层怎样设置和实现，可以直接使用这些功能，快速和其他芯片进行通信。

下面详细介绍 I2C 模块中的各种函数。

（1）class pyb.I2C(bus, ...)

bus：I2C 总线的序号，数量与具体的型号有关。PYB V10 上使用的控制器是 STM32F405RG，它带有 3 个 I2C 接口，但是只使用了 I2C1 和 I2C2，I2C3 接口被 USB 与 SDIO 功能占用，不能使用。

I2C 与 GPIO 有如下对应关系。

I2C(1)在 XB 上：(SDA, SCL) = (X10, X9) = (PB7, PB6)

I2C(2)在 YB 上：(SDA, SCL) = (Y10, Y9) = (PB11, PB10)

（2）deinit()

关闭 I2C。I2C 使用的 GPIO 可以用于其他功能。

（3）init(mode, addr=0x12, baudrate=400000, gencall=False)

初始化。

◆ mode，只能是 I2C.MASTER 或 I2C.SLAVE

◆ addr，7 位 I2C 地址

◆ baudrate，SCL 时钟频率

◆ gencall，通用调用模式

（4）is_ready(addr)

检测指定地址的 I2C 设备是否响应，只对主模式有效。

（5）mem_read(data, addr, memaddr, timeout=5000, addr_size=8)

读取数据。

◆ data，整数或者缓存

◆ addr，设备地址

◆ memaddr，内存地址

◆ timeout，读取等待超时时间

◆ addr_size，memaddr 的大小，8 位或 16 位

（6）mem_write(data, addr, memaddr timeout=5000, addr_size=8)

写入数据，参数含义同上。

（7）recv(recv, addr=0x00, timeout=5000)

从总线上指定地址的设备读取数据。

◆ recv，需要读取数据的数量，或者缓冲区

◆ addr，I2C 地址

◆ timeout，超时时间

（8）i2c.send(send, addr=0x00, timeout=5000)

发送数据，功能和 recv()函数对应。

◆ send，整数或者缓冲区

◆ addr，I2C 地址

◆ timeout，超时时间

（9）i2c.scan()

搜索 I2C 总线上地址从 0x00 到 0x7F 的设备，结果通过列表返回。如果没有搜索到设备，返回空列表。

```
>>> from pyb import I2C
>>> i2c1=I2C(1, I2C.MASTER)
>>> i2c1.scan()
[76]
>>> i2c1.send(b'\x00', 76)
>>> i2c1.recv(1, 76)
b'\x05'
```

上面返回的 PYB V10 上传感器 MMA7760 的 I2C 设备地址。注意在 MicroPython 中，I2C 设备地址是按照 7 位方式计算的，第 8 位读写控制位是不算在其中的，它会由读写函数自动添加。

I2C 是芯片之间最常用的连接方式，现在许多传感器都使用了 I2C 接口。上面只介绍了 I2C 的基本函数和用法，在后面的章节中，我们将通过不同的实例详细介绍 I2C 接口的用法，可以让大家更容易理解和掌握 I2C 的用法。

4.10 SPI

SPI 是 Serial peripheral interface（串行外设接口）的简称，它也是一个通用的串行通信接口。无论从硬件还是软件上看，SPI 和 I2C 都很类似，只是它在物理层上需要三根数据线: SCK, MOSI, MISO。因为将数据的收发信号分开，所以 SPI 的速度比 I2C 更快，适合高速通信（普通 I2C 设备的速率是 100KB/s，高速设备的速率是 400KB/s，少数设备支持 1MB/s；而 SPI 设备的速率一般至少是

2MB/s，有些设备的速率可以达到数十 MB/s）。

有些微控制器的 SPI 接口支持标准连接方式和半双工连接方式（MISO 和 MOSI 信号合二为一），在 MicroPython 中，目前只支持标准方式。

在 MicroPython 中，SPI 的用法和 I2C 类似，它的主要函数有以下几个。

（1）SPI.init(mode, baudrate=1000000, polarity=0, phase=0, bits=8, firstbit=SPI.MSB, pins=(CLK, MOSI, MISO))

初始化 SPI 总线:

◆ mode，目前必须是 SPI.MASTER，也就是主机模式。

◆ baudrate，SCK 时钟频率。

◆ polarity，可以是 0 或 1，代表空闲时时钟电平。

◆ phase，可以是 0 或 1，代表采样数据时在第一或第二时钟沿。

◆ bits，是数据位，只能是 8，16 或 32，默认 8。

◆ firstbit，目前只能是 SPI.MSB，代表传输时高位在前。

◆ pins，代表 SPI 总线使用的 GPIO 元组。

在 STM32 控制器中，支持由硬件直接驱动 SPI 的 CS 信号，提高运行效率。但是在 MicroPython 中，不支持这种模式，需要在软件中由用户控制 CS 信号。这样虽然降低了一点性能，但是可以让 SPI 接口具有更好的通用性，可以用总线方式连接多个芯片，再由不同的 CS 信号选择需要工作的芯片。

使用 SPI 时要特别注意相位，它由 polarity 和 phase 两个参数决定，如果设置错误将无法正常通信。polarity 和 phase 组合起来有 4 种可能，也就是 SPI 的 4 种工作模式，一般常用模式 0 和模式 3。

（2）deinit()

关闭 SPI。

（3）write(buf)

写入数据，写入数据的数量是 buf 的长度。

（4）read(nbytes, write=0x00)

读取数据到 nbytes 中，同时写入设定的数据（默认 0），返回参数是读取数据的数量。

（5）readinto(buf, write=0x00)

和 read()函数作用相似，只是读取的数据存放到缓冲区中，同时写入预定数据，返回读取数据的数量。

（6）write_readinto(write_buf, read_buf)

将 write_buf 的数据写入 SPI 中，同时从总线上读取数据到 read_buf。两个缓冲区的长度需要相同，返回实际写入数据的数量。

4.11 外中断

STM32F405 一共有 23 个中断行，其中 16 个来自 GPIO，剩下的来自于内部中断。

中断行 0 到 15，可以映射到对应行的任意端口。中断行 0 可以映射到 Px0，x 可以是 A/B/C；中断行 1 可以映射到 Px1，x 可以是 A/B/C，依次类推。

使用外中断时，GPIO 自动配置为输入。每个 GPIO 的中断方式可以配置为 rising edge（上升沿）、falling edge（下降沿）、both（上升加下降沿）三种模式。

1. 外中断的用法

（1）class pyb.ExtInt(pin, mode, pull, callback)

定义中断。

- pin，外中断使用的 GPIO，可以是 pin 对象或者已经定义 GPIO 的名称
- mode，外中断模式

  ExtInt.IRQ_RISING 上升沿

  ExtInt.IRQ_FALLING 下降沿

  ExtInt.IRQ_RISING_FALLING 上升下降沿
- pull，定义端口的上拉或者下拉电阻

  pyb.Pin.PULL_NONE 无

  pyb.Pin.PULL_UP 上拉

  pyb.Pin.PULL_DOWN 下拉
- callback，回调函数

（2）disable()，禁止中断。

（3）enable()，允许中断。

（4）line()，返回中断映射的行号。

（5）swint()，软件方式触发中断（执行后触发中断，然后调用回调函数）。

（6）regs()，中断寄存器值。

这个函数在调试时比较有用，可以直接查看寄存器参数，如：

```
>>> extint.regs()
EXTI_IMR   00000008
EXTI_EMR   00000000
EXTI_RTSR  00000000
EXTI_FTSR  00000008
EXTI_SWIER 00000000
EXTI_PR    00000000
```

2. 参考例程

下面的例子演示了外中断的具体用法，程序设置为下降沿中断模式，并在中断时打印出中断行的行号。

```
from pyb import Pin, ExtInt

def callback(line):                # 定义回调函数
    print("line =", line)

extint0 = ExtInt(Pin("A0"), ExtInt.IRQ_FALLING, Pin.PULL_UP, callback) #设置中断
extint1 = ExtInt(Pin("A1"), ExtInt.IRQ_FALLING, Pin.PULL_UP, callback)
extint2 = ExtInt(Pin("A2"), ExtInt.IRQ_FALLING, Pin.PULL_UP, callback)
extint3 = ExtInt(Pin("A3"), ExtInt.IRQ_FALLING, Pin.PULL_UP, callback)
```

如果将 PA0～PA3 连接到 GND，就会显示下面消息：

```
>>> line = 0
line = 1
```

```
line = 2
line = 3
```

4.12 USB_VCP

pyboard 带有 USB 接口，通过 USB 可以实现虚拟磁盘和虚拟串口功能。虚拟磁盘可以方便地复制文件、程序和数据，而虚拟串口可以方便地进行程序调试。因为现在的大部分计算机都不带有串口了，所以虚拟串口就显得更加实用。

USB_VCP（USB virtual comm port，USB 虚拟串口）模块，除了可以实现 REPL 的功能外，在 MicroPython 上还可以兼做 VCP，可以通过函数去控制 VCP，和 PC 进行数据通信，就像标准串口（UART）一样。

1. USB_VCP 的函数

（1）class pyb.USB_VCP

创建虚拟串口对象。

（2）setinterrupt(chr)

设置中断 Python 运行的字符，默认 3，代表 Ctrl+C。当 USB_VCP 接收到这个字符时，就会中止正在运行的程序，并引发一个 KeyboardInterrupt 异常。

当 chr 设置为-1，将禁止中断功能，这在需要通过 USB_VCP 发送原始数据时很有必要，防止程序被意外中止。等数据发送完成后再恢复，方便 REPL 控制。

（3）isconnected()

判断 pyboard 是否已经连接为 VCP 设备。如果是将返回 True，否则返回 False。在通过 USB 连接和供电时，isconnected()通常总是返回 True；而当用外电源供电时，isconnected()将返回 False。

（4）any()

如果缓冲区有数据等待接收，返回 True。

（5）close()

目前这个函数没有任何功能，它的目的是为了让 VCP 可以作为文件来使用。

（6）read([nbytes])

最多读取 nbytes 字节。如果不指定 nbytes 参数，那么这个函数和 readall()

功能相同。

（7）readall()

读取缓冲区全部数据。

（8）readinto(buf[, maxlen])

读取串口数据并存放到 buf。如果指定 maxlen 参数，那么最多读取 maxlen 个字节。

（9）readline()

读取整行的数据。

（10）readlines()

读取所有数据并分行存储，返回字节对象列表。

（11）write(buf)

写入缓冲区数据，返回实际写入数据的数量。

（12）recv(data)

等待接收数据。

data，可以是整数，代表读取数据的个数；或者是用来接收数据的缓冲区。

如果 dat 是整数，返回值是接收数据缓冲区；如果是缓冲区，将返回接收到数据的数量。

注：在官方文档中，recv 还有一个参数代表超时时间，但是实际上在 pyboard 上是不能设置这个参数的。这个函数默认超时时间是 5000ms，并且每收到一个数据，超时时间就会重新开始计算。如果接收到足够数据，函数将直接返回；如果没有收到足够数据，超时后将返回实际收到的数据。

（13）send(data)

data，缓冲区或者整数，返回值是发送数据的数量。

2．参考用法

```
vs = pyb.USB_VCP()
>>> vs.send('123')        # 发送字符串"123"
1233
>>> vs.send(65)           # 发送数据 65，也就是 ASC 码的"A"
A1
>>> vs.write('123')       # 发送 123
```

```
1233
>>> vs.readline()        # 读取一行
>>> vs.recv(5)           # 接收 5 个字节
b'12345'
>>> buf = bytearray(100)
>>> vs.recv(buf)         # 接收数据到缓冲区
5
```

注意上面的发送函数中，我们发送 send('123')，在 REPL 中的结果是 1233。其中 123 就是实际发送的数据，最后一个数字 3 代表发送数据的数量。

4.13 CAN

pyboard 也支持 CAN 接口，可以非常容易地通过 CAN 收发数据。CAN 的基本用法是：

```
from pyb import CAN
can = CAN(1, CAN.LOOPBACK)

# set a filter to receive messages with id=123, 124, 125 and 126
can.setfilter(0, CAN.LIST16, 0, (123, 124, 125, 126))
can.send('message!', 123)   # 发消息到 id 123
can.recv(0)                      # 从 FIFO 0 接收消息
```

CAN 的函数如下。

（1）class pyb.CAN(bus)

创建 CAN 对象。参数 bus 可以是 1 或 2，或者是"YA"或"YB"，对应的 GPIO 为：

CAN(1) 位于 YA: (RX, TX) = (Y3, Y4) = (PB8, PB9)

CAN(2) 位于 YB: (RX, TX) = (Y5, Y6) = (PB12, PB13)

（2）initfilterbanks(nr)

复位并禁用所有的过滤器组，并分配指定数量过滤器组给 CAN(1)。

STM32F405 有 28 组过滤器，由两个 CAN 控制器共同使用。启动时，每个

CAN 控制器分配 14 个过滤器组。initfilterbanks 将分配 nr 个滤波器组给 CAN(1)，剩下的给 CAN(2)。

（3）init(mode, extframe=False, prescaler=100, sjw=1, bs1=6, bs2=8)

初始化 CAN 控制器。

◆ mode 是 CAN 控制器的工作模式，可以设置为下面 4 种模式之一：

NORMAL

LOOPBACK

SILENT

SILENT_LOOPBACK

◆ extframe。当 extframe 是 True 时，使用扩展识别符（29 位）；extframe 是 False 时使用 11 位识别符。

◆ prescaler，用于设置一个时间份额的持续时间。时间份额等于输入时钟（PCLK1）除以 prescaler。

◆ sjw，时间份额的再同步跳转宽度单位，它可以是 1，2，3，4。

◆ bs1，定义采样点位置，它的范围是 1～1024。

◆ bs2，定义发送点位置，它的范围是 1～16。

时间份额 tq 是 CAN 的基本时间单位。

每一比特从同步开始，总是等于 1 tq。后面是位段 1，位段 2……。采样点在位段 1 之后，而发送点在位段 2 之后。波特率等于 1/bittime，而 bittime 等于 1 + BS1 + BS2。

例如，当 PCLK1=42MHz，prescaler=100，sjw=1，bs1=6，bs2=8 时，tq 是 is 2.38μs，bittime 是 35.7μs，波特率则是 28kHz。

（4）deinit()

关闭 CAN 控制器。

（5）setfilter(bank, mode, fifo, params, rtr)

设置过滤器组。

◆ bank，待配置的过滤器组

◆ mode，过滤器组的模式

◆ fifo，定义存放消息的 fifo（可以是 0 或 1）

◆ params，参数数组，与 mode 相关（参见表 4.2）

表 4.2　params 参数说明

mode	params 数组
CAN.LIST16	接收 4 个 16 位 ID
CAN.LIST32	接收 2 个 32 位 ID
CAN.MASK16	2 个 16 位 ID/mask 对
CAN.MASK32	和 MASK16 类似，但是只有一个 32 位 ID/mask 对

◆ rtr，状态量的布尔数组，默认全 False。数组长度与 mode 有关，rtr 参数说明如表 4.3 所示。

表 4.3　rtr 参数说明

mode	rtr 长度
CAN.LIST16	4
CAN.LIST32	3
CAN.MASK16	2
CAN.MASK32	1

（6）clearfilter(bank)

清除过滤器，bank 是待清除的过滤器。

（7）any(fifo)

如果 fifo 中有未处理的消息，将返回 True，否则返回 False。

（8）recv(fifo, timeout=5000)

◆ fifo 用于存放消息，这个参数是一个整数，参考 setfilter()函数说明

◆ timeout 是等待消息的超时时间（单位是毫秒），默认 5 秒

函数返回值是 4 参数元组：

◆ 消息的 ID

◆ 消息是否为 RTR 消息的布尔量

◆ FMI（Filter Match Index）参数

◆ 包含数据的数组

（9）send(data, id, timeout=0, rtr=False)

发送消息到 CAN 总线。

◆ data，要发送的缓冲区或整数

◆ id，消息的 ID

◆ timeout，发送超时时间（毫秒）。如果 timeout 是 0，消息将立即存放到 3 个硬件缓冲区中的一个，如果缓冲区都被占用将引起一个异常。如果 timeout 不是 0，函数将等待指定时间直到发送完成，如果指定时间内没有发送成功也会引起异常。

◆ rtr，代表消息是否作为远程传输请求（remote transmission request）发送。如果 rtr 是 True，只有数据长度会填写到数据链路控制帧，其余数据将不会使用。

send()函数无返回值。

（10）rxcallback(fifo, fun)

定义接收回调函数，即当 fifo 接收到消息时，将触发的回调函数。

◆ fifo，数据接收 fifo

◆ fun，回调函数

回调函数需要两个参数，第一个是代表 can 对象，第二个代表触发原因，回调函数 reason 参数说明如表 4.4 所示。

表 4.4　回调函数 reason 参数说明

reason	说　明
0	消息存放到空 fifo 中
1	fifo 满
2	因为 fifo 满造成消息丢失

参考程序：

```
def cb0(bus, reason):                # 定义回调函数
    print('cb0')
    if reason == 0:
        print('pending')
    if reason == 1:
        print('full')
    if reason == 2:
        print('overflow')
```

```
can = CAN(1, CAN.LOOPBACK)        # 设置 CAN1
can.rxcallback(0, cb0)            # 设置回调函数
```

4.14 文件操作

pyboard 可以将 MCU 内部的 Flash 模拟成 U 盘（移动磁盘），通过计算机的文件管理器进行操作，给复制文件和数据带来很大的方便。

在程序中我们同样也可以使用这个磁盘（即使没有连接到计算机）。在 MicroPython 中进行文件操作的方法和 C 语言非常类似，如：

（1）写文件

```
f = open("hello.txt", "w")
f.write("Hello World from Micro Python")
f.close()
```

（2）读取文件

```
f = open("main.py", "r")
f.readall()       # 读取全部内容
f.readline()      # 读取一行
f.seek(0)         # 定位到文件开始
f.tell()          # 文件大小
f.close()
```

创建文件后，我们并不能立即通过计算机看到 PYBFLASH 磁盘上出现了 hello.txt 文件，但是我们读取文件内容或列表文件时，可以发现文件实际已经更新了。这是因为 PYBFLASH 文件系统没有实时和计算机同步更新，需要先将 PYBFLASH 退出系统，再次连接后才能在计算机上看到实际的变化。

（3）读写 microSD 上的文件

pyboard 支持 microSD 卡，我们同样可以在 microSD 上写入或者读取文件。只需要在文件名前面加上 SD 卡的路径，就可以和前面一样进行文件操作：

```
f = open("/sd/hello.txt", "w")
f.write("Hello World from Micro Python")
f.close()
```

与 SD 对应，内部 flash 的路径是"/flash"，路径名全部是小写字母。

注意在使用 microSD 时，需要先插入 microSD 卡，然后连接 USB。也就是说目前 MicroPython 不能动态识别插入 microSD 卡，它只是在启动时判断是否插入。检测到插入了 microSD 卡后，才能使用它，在 microSD 上创建文件或读写数据。

注：在早期版本的 MicroPython 中，使用 0:/代表 flash，1:/代表 SD，这种方式现在已经废弃了。

4.15　小结

在前面的章节中，通过各种外设模块的功能，讲解了 pyboard 上 MicroPython 的基本用法。从这些介绍中可以看到，MicroPython 的使用是非常容易的，大部分功能都可以直接使用，不需要我们再去研究底层接口，不用再考虑寄存器的设置或者 STM32 的库函数怎样调用，也不需要安装编译软件，不用担心各种编译器和开发软件之间的差异造成的兼容性问题。

无论从功能还是性能上看，MicroPython 和 pyboard 都比 Arduino 强大很多，它是创客和 DIY 爱好者从 Arduino 进阶的最好选择。

Chapter 5

第5章 pyboard的Python标准库和微库

前一章介绍了pyboard的基本使用方法，以及一些外设的基本控制方法。其实，这些方法都是属于pyboard的pyb模块，所以我们在使用前，都需要先导入pyb模块，或者从pyb模块中导入子模块，如：

```
import pyb
from pyb import Pin, I2C
from pyb import ADC
```

从pyb这个名称就可以看出，pyb模块是pyboard开发板专用模块，它包含了很多与STM32相关的底层驱动，大部分pyboard的功能都可以通过pyb去实现。

除pyb外，pyboard还有哪些标准模块和函数呢？下面将详细介绍主要的系统模块及其使用方法。

注：在pyboard中，很多模块和模块中的函数都是和Python3对应的，用法也基本一致。只是因为嵌入式系统资源较少，部分函数和功能做了裁剪。

5.1　内置函数

下面是 MicroPython 的全部内置函数列表：

```
abs()
all()
any()
bin()
class bool
class bytearray
class bytes
callable()
chr()
classmethod()
compile()
class complex
delattr(obj, name)
class dict
dir()
divmod()
enumerate()
eval()
exec()
filter()
class float
class frozenset
getattr()
globals()
hasattr()
hash()
hex()
id()
input()
class int
    classmethod from_bytes(bytes, byteorder)
    classmethod to_bytes(size, byteorder)
isinstance()
issubclass()
iter()
len()
class list
locals()
map()
max()
class memoryview
min()
next()
class object
oct()
open()
ord()
pow()
print()
property()
range()
repr()
reversed()
round()
class set
setattr()
```

```
class slice                         super()
sorted()                            class tuple
staticmethod()                      type()
class str                           zip()
sum()
```

内置函数都是属于 builtins 模块，但不用导入 builtins 模块就能直接使用，因为系统会自动导入它。builtins 模块和 Python 中的__builtins__模块是对应的，但是功能要少一些。

大部分的内置函数功能、用法和计算机上的 Python 一样，可以通过 Python 的帮助文档和参考书去查看这些函数的详细用法。

5.2 数组（array）

MicroPython 的 array 模块是标准 Python 的 array 模块简化版，它提供了数组基本的定义方法和使用方法。

● class array.array(typecode [, iterable])

创建指定类型的数组，并用给定 iterable 参数初始化。如果没有给出参数，将创建一个空数组。

Python 的 typecode 定义如表 5.1 所示。

表 5.1 Python 的 typecode 定义

类型码	C 语言类型	Python 类型	大　小
'b'	有符号字符	int	1
'B'	无符号字符	int	1
'u'	Py_UNICODE	Unicode 字符	2
'h'	有符号短整型	int	2
'H'	无符号短整型	int	2
'i'	有符号整数	int	2
'I'	无符号整数	int	2
'l'	有符号长整型	int	4

续表

类型码	C 语言类型	Python 类型	大　小
'L'	无符号长整型	int	4
'q'	有符号扩展整型	int	8
'Q'	无符号扩展整型	int	8
'f'	单精度浮点	float	4
'd'	双精度浮点	float	8

MicroPython 的 array 模块目前只提供了两个方法：

- append(val)

将新数据添加到数组末尾。

- extend(iterable)

将一个数组添加到数组末尾。

例如：

```
import array

a = array.array('i')
a.append(1)
b = array.array('I')
b = array.array('I', [1, 2, 3])
b.extend(a)
```

5.3 复数运算（cmath）

cmath 库提供了复数运算功能，可以方便地进行复数运算。但它需要支持浮点运算功能的硬件模块（FPU），目前只有 STM32 和 ESP32 支持 cmath，而在 ESP8266 和 WiPy（CC3200）上不支持 cmath 模块。

函数：

- cmath.cos(z)

余弦计算

● cmath.exp(z)

指数计算

● cmath.log(z)

自然对数计算

● cmath.log10(z)

常用对数计算（底数是 10）

● cmath.phase(z)

相位，范围是(-pi, +pi)，以弧度表示

● cmath.polar(z)

返回复数的极坐标

● cmath.rect(r, phi)

返回极坐标对应的复数

● cmath.sin(z)

计算正弦

● cmath.sqrt(z)

计算开平方

常量：

● cmath.e

自然对数的底数（2.718282）

● cmath.pi

圆周率（3.141593）

使用上面的函数，就可以非常容易地进行复数计算。

```
>>> import cmath
>>> z=1+2j
>>> z*z
(-3+4j)
>>> z ** 5
(41.00001-38j)
>>> cmath.exp(z)
(-1.131204+2.471727j)
```

```
>>> cmath.phase(z)
1.107149
>>> cmath.sqrt(z)
(1.27202+0.7861515j)
```

5.4　垃圾回收（gc）

gc 模块提供了垃圾回收功能，可以回收系统运行中产生的垃圾。默认情况下，自动回收功能是允许的。

- gc.enable()

允许自动回收垃圾

- gc.disable()

禁止自动回收，但可以手动进行回收

- gc.collect()

回收垃圾

- gc.mem_alloc()

返回已分配的内存数量

- gc.mem_free()

返回剩余的内存数量

- gc.threshold()

设置或返回自动回收门限

基本用法如下：

```
>>> import gc
>>> gc.enable()
>>> gc.mem_alloc()
4144
>>> gc.mem_free()
98048
>>> gc.collect()
>>> gc.mem_free()
99792
```

5.5 数学计算（math）

math 模块提供常用的数学计算函数，包括指数、对数、三角函数等。pyboard（STM32 系列）使用了 32 位精度的浮点数。

1. 函数

- math.acos(x)

计算反余弦

- math.acosh(x)

计算反双曲余弦

- math.asin(x)

计算反正弦

- math.asinh(x)

计算反双曲正弦

- math.atan(x)

计算反正切

- math.atan2(y, x)

计算 y/x 反正切

- math.atanh(x)

计算反双曲正切

- math.ceil(x)

向上计算整数部分

- math.copysign(x, y)

返回 x，并带有 y 的符号位。比如：

```
>>> math.copysign(12,2)
12.0
>>> math.copysign(12,-2)
-12.0
>>> math.copysign(-12,2)
```

```
12.0
>>>
```

- math.cos(x)

计算余弦

- math.cosh(x)

计算双曲余弦

- math.degrees(x)

弧度转为角度

- math.erf(x)

返回误差函数

- math.erfc(x)

返回余误差函数

- math.exp(x)

计算指数

- math.expm1(x)

计算 exp(x) - 1.

- math.fabs(x)

计算绝对值

- math.floor(x)

向下计算整数部分

- math.fmod(x, y)

计算余数

- math.frexp(x)

分解浮点数为尾数和指数。返回结果是元组格式(m, e)，对应关系是 x == m * 2**e。如果 x == 0 就返回(0.0, 0)，否则 0.5 <= abs(m) < 1。

- math.gamma(x)

计算伽马函数

- math.isfinite(x)

如果是有限数返回 True

- math.isinf(x)

如果是无穷大返回 True

- math.isnan(x)

如果不是数字返回 True

- math.ldexp(x, exp)

返回 x * (2**exp).

- math.lgamma(x)

返回伽马函数的自然对数

- math.log(x)

计算自然对数

- math.log10(x)

计算常用对数（10 为底）

- math.log2(x)

计算 2 为底的对数

- math.modf(x)

浮点数分解为小数和整数，小数在前

- math.pow(x, y)

计算指数，也可以用**进行计算。

- math.radians(x)

角度转换为弧度

- math.sin(x)

计算正弦

- math.sinh(x)

计算双曲正弦

- math.sqrt(x)

计算开平方

- math.tan(x)

计算正切

- math.tanh(x)

计算双曲正切

● math.trunc(x)

取整数部分

2．常量

● math.e

自然对数的底数（2.718282）

● math.pi

圆周率（3.141593）

5.6 数据流事件（select）

pyboard 提供了等待数据流事件的功能，在轮询等待读写多个对象时，是一种比较有效率的方式。目前支持轮询的对象有：pyb.UART, pyb.USB_VCP。

函数如下：

（1）select.poll()

创建轮询实例。

（2）select.select(rlist, wlist, xlist[, timeout])

等待活动对象。这个函数是为了兼容，效率不高，推荐用 Poll 函数。

（3）poll.register(obj[, eventmask])

注册轮询对象。eventmask 支持下面参数的逻辑或（OR）操作

- ◆ select.POLLIN - 有数据可读取
- ◆ select.POLLOUT - 可以写入数据
- ◆ select.POLLERR - 发生错误
- ◆ select.POLLHUP - 数据流结束/连接中断

eventmask 默认值是 select.POLLIN | select.POLLOUT。

（4）poll.unregister(obj)

解除轮询对象。

（5）poll.modify(obj, eventmask)

修改对象的 eventmask。

（6）poll.poll([timeout])

等待对象就绪。返回(obj, event ...)的列表，event 元素是组合的已发生数据流事件。不同版本的函数可能包含其他参数，因此不用假设它的大小是 2。超时后返回空列表。

timeout 的单位是毫秒。

5.7 系统功能（sys）

sys 模块提供了一些常用的系统功能函数和常量。

1．函数

● sys.exit(retval=0)

使用指定退出码中止当前程序，它也会产生一个 SystemExit 异常。如果指定了 retval 参数，这个参数也会传递到 SystemExit。

● sys.print_exception(exc, file=sys.stdout)

打印异常到文件对象，默认 sys.stdout。

和 CPython 的差异为：

在 MicroPython 中，这个函数是 CPython 中 traceback 模块的简化版本。和函数 traceback.print_exception()不同，这个函数用异常值代替了异常类型、异常参数和回溯对象。文件参数在对应位置，不支持更多参数。兼容 CPython 的 traceback 模块放在了 microPython-lib 中。

2．常量

● sys.argv

启动参数列表

● sys.byteorder

字节顺序("小" 或 "大").

● sys.implementation

当前 Python 信息。对于 MicroPython，它带有下面属性。

● name：字符串'microPython'

version：元组(主版本, 次版本, 小版本)，如(1, 8, 7)。

这个方法推荐用来区分 MicroPython 和其他版本的 Python（注意极少数 Python 移植版不支持这个函数）。

和 CPython 的差异是 CPython 包含了更多属性，MicroPython 只支持基本功能。

● sys.maxsize

整数类型最大的数值，或 MicroPython 可以表示的最大整数。它可能小于系统的最大值（当 MicroPython 移植版不支持 long int 时）。

这个属性可以用来检测系统的"位数"（如 32 位或 64 位）。推荐不要直接比较属性值，而是如下面这样计算：

```
bits = 0
v = sys.maxsize
while v:
    bits += 1
    v >>= 1
if bits > 32:
    # 64 位（或更高）系统
    ...
else:
    # 32 位（或更低）系统
    # 注意在 32 位系统中，因为前面说明的原因，bits 数值可能小于 32（如 31）
    # 因此要使用"> 16", "> 32", "> 64" 这种方法进行比较。
```

● sys.modules

已载入模块的字典。在某些移植版中，没有包含这个函数。

● sys.path

系统路径。与 Windows 和 Linux 的系列路径类似，可以将用户目录附加到系统路径中，这样可以方便调用不同目录中的模块和程序。可以通过 append() 函数添加新的路径。

```
>>> sys.path
['', '/sd', '/sd/lib', '/flash', '/flash/lib']
>>> sys.path.append('/user')
```

```
>>> sys.path
['', '/sd', '/sd/lib', '/flash', '/flash/lib', '/user']
```

● sys.platform

MicroPython 运行的系统。这个常量可以用来识别系统，如"linux"。在一般移植版中它代表使用的开发板，如在 MicroPython 官方开发板中是"pyboard"。它可以用来识别不同的开发板或芯片，如果需要识别运行环境（在其他 Python 环境下），请使用 sys.implementation。

● sys.stderr

标准错误输出设备（pyboard 中默认 USB 虚拟串口，可设置为用其他串口）。

● sys.stdin

标准输入设备（pyboard 中默认 USB 虚拟串口，可设置为其他串口）。

● sys.stdout

标准输出设备（pyboard 中默认 USB 虚拟串口，可设置为其他串口）。

● sys.version

Python 语言的版本，字符串格式，如'3.4.0'。

● sys.version_info

Python 语言版本，整数元祖格式，如(3, 4, 0)。

5.8 binary/ASCII 转换（ubinascii）

这个模块实现了二进制数据和 ASC 码的双向转换功能。

函数如下。

● ubinascii.hexlify(data[, sep])

转换二进制数据为 16 进制字符串。如：

```
ubinascii.hexlify(b'\x11\x22123')
b'1122313233'
```

和 CPython 的差异为，如果指定了第二个参数，它将用于分隔两个 HEX 参数，如：

```
ubinascii.hexlify(b'\x11\x22123',' ')
b'11 22 31 32 33'

ubinascii.hexlify(b'\x11\x22123',',')
b'11,22,31,32,33'
```

如果 sep 设定了多个字符，只有第一个字符是有效的。

● ubinascii.unhexlify(data)

转换 HEX 数据为二进制字符串，功能和 hexlify 相反。

```
ubinascii.unhexlify('313233')
b'123'
```

● ubinascii.a2b_base64(data)

转换 Base64 编码数据为二进制字符串。

● ubinascii.b2a_base64(data)

将二进制数据编码为 Base64 格式。

5.9　集合和容器类型（ucollections）

这个模块实现了高级集合和容器类型，可以容纳各种对象。

● Classes ucollections.namedtuple(name, fields)

使用指定名称和字段创建新的命名元组类型。命名元组类型是元组的子集，不但可以用索引访问，也可以通过符号字段名访问，字段是指定名称的字符串序列。为了兼容 CPython，它也可以是用空格分隔的字符串字段名（但是效率很低）。基本使用方法如下：

```
from ucollections import namedtuple

MyTuple = namedtuple("MyTuple", ("id", "name"))
t1 = MyTuple(1, "foo")
t2 = MyTuple(2, "bar")
print(t1.name)
assert t2.name == t2[1]
```

● ucollections.OrderedDict(...)

字典类型子集，它会按顺序保存添加的键值。当字典完成迭代，就会按照添加时的顺序返回：

```
from ucollections import OrderedDict

# 为了利用 ordered keys，需要初始化 OrderedDict
# from sequence of (key, value) pairs.
d = OrderedDict([("z", 1), ("a", 2)])

# 可以添加更多条目
d["w"] = 5
d["b"] = 3
for k, v in d.items():
    print(k, v)
```

输出结果为：

```
z 1
a 2
w 5
b 3
```

5.10 哈希算法库（uhashlib）

这个模块实现二进制数据的哈希算法，目前仅可以使用 SHA256 算法。选择 SHA256 是经过仔细考虑的，因为它是流行的、安全的算法。这意味着一个单一的算法可以涵盖“任何哈希算法”以及和安全相关的应用，省去传统算法如 MD5 或 SHA1 从而节省程序空间。

1. 函数

● class uhashlib.sha256([data])

创建哈希对象，可以选择填充数据。

2．方法

● hash.update(data)

填充数据。

● hash.digest()

返回经过散列的数据，结果是字节对象。调用这个方法后，不能再写入数据。

3．使用方法

基本使用方法如下：

```
>>> import uhashlib
>>> hash = uhashlib.sha256()
>>> buf = b'123456789'
>>> hash.update(buf)
>>> hash.gigest()
b'\x15\xe2\xb0\xd3\xc38\x91\xeb\xb0\xf1\xef`\x9e\xc4\x19B\x0c
\xe3 \xce\x94\xc6_\xbc\x8c3\x12D\x8e\xb2%'
```

5.11　堆队列算法（uheapq）

这个模块提供了堆队列算法。堆队列是一个简单列表，它的元素以特定方式进行存储。

1．函数

● uheapq.heappush(heap, item)

将元素推入堆中。

● uheapq.heappop(heap)

弹出并返回堆中的第一项元素。如果堆是空的将引起 IndexError 异常。

● uheapq.heapify(x)

将列表转换成堆。

2. 使用方法

基本使用方法如下：

```
>>> import uheapq
>>> buf = [1, 2, 3]
>>> uheapq.heappush(buf, 4)
>>> buf
[1, 2, 3, 4]
>>> uheapq.heappop(buf)
1
>>> uheapq.heappop(buf)
2
>>> buf
[3, 4]
>>> uheapq.heappop(buf)
3
>>> buf
[4]
>>> uheapq.heappop(buf)
4
>>> uheapq.heappop(buf)                    # heap是空的，将引起异常
Traceback (most recent call last):
  File "<stdin>", line 1, in <module>
IndexError: empty heap
```

5.12 输入/输出流（uio）

包含额外的流类型（类似文件）对象和帮助函数。在 MicroPython 中，在一定程度上做了简化了，实现更高的效率和节省资源，函数如下。

- uio.open(name, mode='r', **kwargs)

打开一个文件，它也是内建函数 open()的别名函数。所有端口（用于访问文件系统）需要支持 mode 参数，也支持端口的其他参数。

classes

- class uio.FileIO(...)

用二进制方式打开文件，如 open(name, "rb")，不要直接使用这个。

- class uio.TextIOWrapper(...)

文本方式打开文件，例如 open(name, "rt")，不要直接使用这个实例。

- class uio.StringIO([string])
- class uio.BytesIO([string])

内存文件对象。StringIO 用于文本模式 I/O（类似于用"t"参数打开文件），BytesIO 用于二进制方式（类似于用"b"参数打开文件）。文件对象的初始内容可以用字符串参数指定（StringIO 用普通字符串，BytesIO 用 byets 对象）。所有的文件方法，如 read()，write()，seek()，flush()，close()都可以用在这些对象上，此外还包括下面方法：

```
getvalue()
```

获取缓冲区内容。

5.13　JSON 编码解码（ujson）

提供 Python 对象到 JSON（JavaScript Object Notation）数据格式的转换，在网络通信时非常有用，函数如下。

- ujson.dumps(obj)

返回 JSON 字符串。

- ujson.loads(str)

解析 JSON 字符串并返回对象。如果字符串格式错误将引发 ValueError 异常。

5.14　“操作系统”基本服务（uos）

os 模块包括了文件系统函数和 urandom 随机数函数。

1．文件系统

McroPython 的文件系统将/作为根目录，其他物理驱动器都是从根目录访问的，目前支持：

/flash － 内部 flash 文件系统；

/sd － SD 卡文件系统（如果存在）。

启动时，如果没有 SD 卡，当前目录就是/flash，否则是/sd。除了上面两个基本文件系统，还可以通过 SPI 挂载新的文件系统。

2. 函数

● uos.chdir(path)
改变当前目录。

● uos.getcwd()
获取当前目录。

● uos.listdir([dir])
无参数时列出当前目录文件，否则列出指定目录的文件。

● uos.mkdir(path)
创建新目录。

● uos.remove(path)
删除文件。

● uos.rmdir(path)
删除目录。

● uos.rename(old_path, new_path)
文件改名。

● uos.stat(path)
获取文件或目录状态。

● uos.statvfs(path)
获取文件系统状态。返回参数是包含文件系统下面信息的元组：

f_bsize －文件系统块大小；

f_frsize －段大小；

f_blocks －文件系统段数量；

f_bfree －剩余块数量；

f_bavail －非特权用户剩余块数量；

f_files　- 节点数量；

f_ffree　- 剩余节点数；

f_favail　- 非特权用户剩余节点数；

f_flag　- mount 标志位；

f_namemax　- 文件名最大长度。

节点参数：f_files，f_ffree，f_avail 和 f_flag 可能会是 0，因为在一些移植版本中还没有实现这个功能。

● uos.sync()

同步所有文件系统。

● uos.urandom(n)

返回 n 字节的随机数，在可能的情况下，随机数由硬件随机数发生器产生。

● uos.dupterm(stream_object)

重复或开关 microPython 的终端（REPL）到 stream 对象。给定的对象必须支持.readinto()和.write()方法。如果参数是 None，先前设置的重定向将会被取消。

3．常量

● uos.sep

路径的分隔符，通常是字符'/'。

4．os 函数的使用方法

● 列出文件和目录

```
>>> import os
>>> os.listdir()
['1.txt', 'boot.py', 't1.py', 't2.py',  't0.py']
>>> os.listdir('/flash')
['main.py', 'pybcdc.inf', 'README.txt', 'boot.py', 'hello.txt',
'1.py']
```

● 改变目录

```
>>> os.getcwd()
'/sd'
```

```
>>> os.chdir('/')
>>> os.listdir()
['flash', 'sd']
```

- 创建目录

```
>>> os.mkdir('/sd/dat')
>>> os.listdir('/sd')
['1.txt', 'boot.py', 't1.py', 't2.py',  't0.py', 'dat']
```

- 查看文件状态

```
>>> os.listdir()
['main.py', 'pybcdc.inf', 'README.txt', 'boot.py', 'hello.txt',
'1']
>>> os.stat('hello.txt')
(32768, 0, 0, 0, 0, 0, 32, 0, 0, 0)
>>> os.stat('main.py')
(32768, 0, 0, 0, 0, 0, 34, 546532106, 546532106, 546532106)
```

- 查看文件系统状态

```
>>> os.statvfs('/sd')
(32768, 32768, 60312, 60286, 60286, 0, 0, 0, 0, 255)
>>> os.statvfs('/flash')
(512, 512, 190, 178, 178, 0, 0, 0, 0, 255)
```

可以通过 statvfs 计算磁盘空间，不过需要注意文件系统本身会占用一定空间。

例如，根据上面返回的参数计算，内部 Flash 空间的大小是：

```
512 × 190 = 97280 (bytes)
```

剩余空间大小是：

```
512 × 178 = 91136 (bytes)
```

通过资源管理器可以看到磁盘空间，PYBELASH 磁盘属性如图 5.1 所示，

SD 卡磁盘属性如图 5.2 所示。

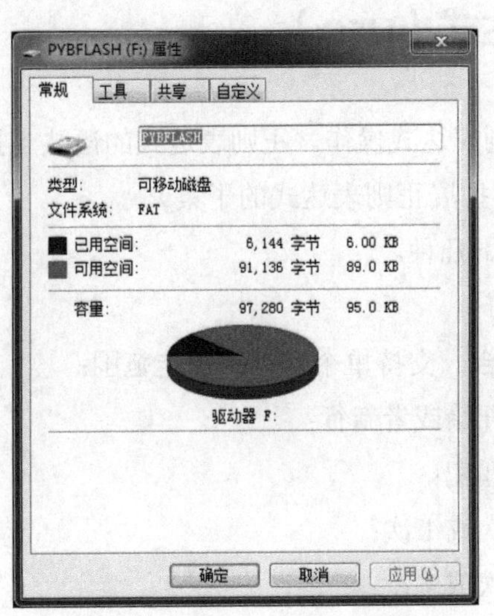

图 5.1　PYBELASH 磁盘属性

而 2G 的 microSD 卡总空间大小是：

32768 × 60132 = 1976303616 (bytes)。

剩余空间大小是：

32768 × 60286 = 1975451648 (bytes)。

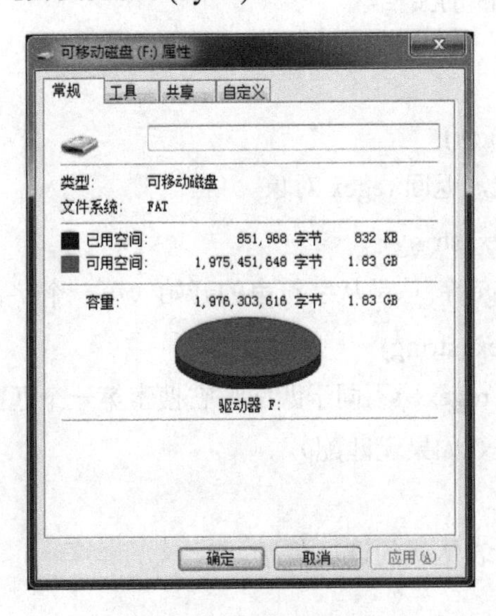

图 5.2　SD 卡磁盘属性

5.15 正则表达式（ure）

ure 模块执行正则表达式操作。正则表达式的语法支持 CPython 的 re 模块子集（实际是 POSIX 扩展正则表达式的子集）。

支持操作符有以下几种。

'.'：匹配任意字符；

'[]'：匹配字符集合，支持单个字符和指定范围；

'^'：匹配字符串开始或者新行；

'$'：从末尾开始匹配；

'?'：重复前面 0 次或 1 次；

'*'：重复前面 0 次或多次；

'+'：重复前面 1 次或多次；

还有'??'、'*?'、'+?'等。

目前不支持重复计数（{m,n}），高级的断言、命名组等功能。

正则表达式是个非常复杂的内容，需要很长的篇幅才能说清。因为本书的主题是 MicroPython，所以这里就不做太多介绍了。更详细的关于正则表达式的说明，请参考 Python3 的文档。

1．函数

- ure.compile(regex)

编译正则表达式，返回 regex 对象。

- ure.match(regex, string)

用 string 匹配 regex，总是从字符串的开始（第一个字符）进行匹配。

- ure.search(regex, string)

在 string 中搜索 regex。不同于匹配，它搜索第一个匹配位置的正则表达式字符串（结果可能是 0 如果无匹配）。

- ure.DEBUG

标志参数，显示表达式的调试信息。

2. Regex 对象

Regex 是通过 ure.compile()函数创建的已编译正则表达式。

```
regex.match(string)
regex.search(string)
regex.split(string, max_split=-1)
```

3. 匹配对象

匹配对象是 match()和 search()方法的返回值。

- match.group([index])

参数只支持数字。

4. 使用方法

正则表达式的使用是非常灵活而复杂的，很难通过简短的篇幅说明。这里通过几个简单的例子，展示在 MicroPython 中正则表达式的基本使用方法。

```
>>> import ure
>>> r=ure.search('py', 'microPython')
>>> r.group(0)
'py'
>>> r=ure.search('py..', 'microPython')
>>> r.group(0)
'pyth'
>>> r=ure.search('py.*', 'microPython')
>>> r.group(0)
'Python'
>>> r=ure.search('py*', 'microPython')
>>> r.group(0)
'py'
>>> r=ure.search('o.', 'microPython')
>>> r.group(0)
'op'
>>> r=ure.search('o.$', 'microPython')
```

```
>>> r.group(0)
'on'
```

5.16 socket 模块（usocket）

usocket 模块提供了 BSD 套接字访问接口，和 CPython 有以下不同：

- CPython 使用的 socket.error 异常现在已经废弃了，它是 OSError 的别名函数。MicroPython 直接使用 OSError。
- 为了保证高效率和一致性，MicroPython 的 socket 对象直接使用了流（类似文件）接口。在 CPython 中，需要使用 makefile()方法将 socket 进行转换。MicroPython 也支持这种方法（但是不常用），如果需要兼容 CPython，可以使用这种方法。

1. Socket 地址格式

下面的函数使用的网络地址格式是（ipv4 地址，端口号）。ipv4 地址是由点和数字组成的字符串，如"8.8.8.8"，端口号是 1～65535 之间的整数。注意不能使用域名作为 ipv4 地址，域名需要先用 socket.getaddrinfo()函数进行解析。

2. 函数

- socket.socket(socket.AF_INET, socket.SOCK_STREAM, socket.IPPROTO_TCP)

使用指定的地址、类型和协议创建新的套接字。

- socket.getaddrinfo(host, port)

传递主机/端口到一个 5 个数据的元组。元组列表的结构如下：

```
(family, type, proto, canonname, sockaddr)
```

下面代码显示了怎样连接到一个网址：

```
s = socket.socket()
s.connect(socket.getaddrinfo('www.microPython.org', 80)[0][-1])
```

3．常量

- socket.AF_INET
- socket.AF_INET6

family 类型。

- socket.SOCK_STREAM
- socket.SOCK_DGRAM

socket 类型。

- socket.IPPROTO_UDP
- socket.IPPROTO_TCP

IP 协议。

- socket.SOL_*

Socket 选项级别（setsockopt()函数的参数），它和具体开发板相关。

- socket.SO_*

Socket 选项（setsockopt()函数的参数），它和具体开发板相关。

4．方法

- socket.close()

关闭套接字。一旦关闭后，套接字所有的功能都将失效。远端将接收不到任何数据（清理队列数据后）。

在回收垃圾时套接字会自动关闭，但还是推荐在必要时用 close()去关闭，或使用状态机制。

- socket.bind(address)

将套接字绑定到地址，套接字不能是已经绑定的。

- socket.listen([backlog])

允许服务器接收连接。如果指定了 backlog，它不能小于 0（如果小于 0 将自动设置为 0）；超出后系统将拒绝新的连接。如果没有指定，将使用默认值。

- socket.accept()

接受连接，套接字需要绑定地址并监听连接。返回值是（conn, address）对，其中 conn 是用来接收和发送数据的套接字对象，address 用于绑定到另一端的套接字地址。

● socket.connect(address)

连接到指定地址的远端套接字。

● socket.send(bytes)

发送数据，套接字需要已连接到远程。返回发送数据的数量，它可能比实际数据长度小（'short write'）。

● socket.sendall(bytes)

发送全部数据到套接字，套接字必须已连接到远程。和 send()不同，这个方法尝试一块一块的方式连续发送全部数据。

这个方法的行为在非阻塞模式没有定义，因此 MicroPython 推荐使用 write()方法，类似于阻塞模式下的"no short writes"策略，并返回非阻塞套接字发送的字节数。

● socket.recv(bufsize)

接收数据。返回值是接收数据的字节对象。bufsize 参数是接收数据的最大数量。

● socket.sendto(bytes, address)

发送数据。套接字不能连接到远程，目标套接字由地址参数指定。

● socket.recvfrom(bufsize)

从套接字接收数据。返回值是（bytes，address）对，其中 bytes 是接收数据的字节对象，address 是发送数据的套接字地址。

● socket.setsockopt(level, optname, value)

设置套接字的选项。需要的符号常量在套接字模块（SO_*等）中定义。value 可以是整数或字节对象。

● socket.settimeout(value)

设置阻塞模式套接字超时时间。value 参数可以是代表秒的正浮点数或 None，如果设定大于 0 的参数，在后面套接字操作超出指定时间后将引起 OSError 异常；如果参数是 0，套接字将使用非阻塞模式；如果是 None，套接字将使用阻塞模式，和 CPython 的差异如下。

在 CPython 中超时后将引发 socket.timeout 异常，它是 OSError 的子类，MicroPython 直接引发 OSError 异常。如果使用 OSError 捕捉异常，这时代码就可以同时用在 MicroPython 和 CPython 中。

● socket.setblocking(flag)

设置阻塞或非阻塞模式：如果 flag 是 false，设置非阻塞模式，否则设置阻塞模式。

这是调用 settimeout()的一种简便方法：

sock.setblocking(True) 等于 sock.settimeout(None)；

sock.setblocking(False) 等于 sock.settimeout(0)。

● socket.makefile(mode='rb', buffering=0)

返回关联到套接字的文件对象，返回值类型与指定的参数有关；仅支持二进制模式（"rb"、"wb"和"rwb"），CPython 的 encoding、errors 和 newline 不被支持；和 CPython 的差异如下。

◆ 因为 MicroPython 不支持缓冲流，因此参数 buffering 被忽略，并认为是 0（不缓存）；

◆ 关闭文件也会同时关闭套接字。

● socket.read(size)

读取指定数量的数据，返回参数是字节对象。如果没有指定 size，将读取全部数据，直到 EOF，函数直到套接字关闭才返回。这个函数将尝试读取尽可能多的数据（非"短读取"），它可能不能用非阻塞套接字，这将导致返回更少的数据。

● socket.readinto(buf[, nbytes])

读取到缓冲区 buf。如果指定了 nbytes，那么最多只读取 nbytes 字节，否则最多读取 len(buf)字节。和 read()函数相同，这个函数使用了"非短读取"策略。

返回值是读取并存入 buf 的字节数。

● socket.readline()

读取一行，以换行符结束。

返回读取的数据行。

● socket.write(buf)

写入缓冲区数据。这个函数将尝试写入全部数据到套接字（非"短写"）。有可能不能使用非阻塞套接字，返回参数将小于 buf 长度。

返回值是写入数据的字节数。

5.17 压缩和不压缩原始数据类型（ustruct）

详细内容请参考 Python 的文档。

支持的 size/byte 顺序前缀有：@, <, >, !.

支持的格式代码有 b, B, h, H, i, I, l, L, q, Q, s, p, P, f, d（f, d 需要浮点库支持），如表 5.2 所示。

表 5.2 数据类型

格式	C 类型	Python 类型	标准大小
b	signed char	integer	1
B	unsigned char	integer	1
h	short	integer	2
H	unsigned short	integer	2
i	int	integer	4
I	unsigned int	integer	4
l	long	integer	4
L	unsigned long	integer	4
q	long long	integer	8
Q	unsigned long long	integer	8
f	float	float	4
d	double	float	8
s	char[]	bytes	
p	char[]	bytes	
P	void *	integer	

详细内容请参考 Python 官方文档的 struct 部分。

1. 函数

● ustruct.calcsize(fmt)

返回存放 fmt 需要的字节数。

● ustruct.pack(fmt, v1, v2, ...)

按照格式字符串 fmt 压缩参数 v1，v2，...。返回值是参数编码后的字节对象。

● ustruct.pack_into(fmt, buffer, offset, v1, v2, ...)

按照格式字符串 fmt 压缩参数 v1, v2, ...到缓冲区 buffer，开始位置是 offset。如果 offset 是负数，就是从缓冲区末尾开始计数。

● ustruct.unpack(fmt, data)

从 fmt 中解压数据。返回值是解压后参数的元组。

● ustruct.unpack_from(fmt, data, offset=0)

从 fmt 的 offset 开始解压数据，如果 offset 是负数就是从缓冲区末尾开始计算。返回值是解压后参数元组。

2．使用方法

ustruct 的基本使用方法是：

```
>>> import ustruct
>>> ustruct.calcsize('hhl')
8
>>> ustruct.pack('hhl',1,2,3)
b'\x01\x00\x02\x00\x03\x00\x00\x00'
>>> ustruct.pack('llh0l', 1, 2, 3)
b'\x01\x00\x00\x00\x02\x00\x00\x00\x03\x00'
>>> ustruct.unpack('hhl',b'\x01\x00\x02\x00\x03\x00\x00\x00')
(1, 2, 3)
```

5.18　时间函数（utime）

utime 库提供获取时间和日期、测量时间间隔、延时等函数。

初始时刻：Unix 使用了 POSIX 的系统标准，从 1970-01-01 00:00:00 UTC 开始计数。而嵌入式版本是从 2000-01-01 00:00:00 UTC 开始计算的。

维护实际日历的日期/时间：需要一个实时时钟（RTC）。在底层系统（包括一些 RTOS 中），已经包含了 RTC 功能。设置时间是通过 OS/RTOS，而不是 MicroPython 完成的，查询日期/时间也需要通过系统 API。对于裸板系统，时钟依赖于 machine.RTC()对象。设置时间是通过 machine.RTC().datetime(tuple)函数，并通过下面方式维护：

- 后备电池（可能是选件、扩展板等）；
- 使用网络时间协议（需要用户设置）；
- 每次上电时手工设置（很多板卡只是在硬复位时需要设置时间，少部分每次复位都需要设置）。

如果实际时间不是通过系统/MicroPython 的 RTC 进行维护，那么下面函数结果可能和预期的不完全相同。

具体函数如下。

- utime.localtime([secs])

从初始时间的秒转换为元组：（年，月，日，时，分，秒，星期，yearday）。如果 secs 是空或者 None，那么使用当前时间。

- ◆ 年（包括了世纪的数字，例如 2014）；
- ◆ 月范围是 1～12；
- ◆ 日范围是 1～31；
- ◆ 小时范围是 0～23；
- ◆ 分钟范围是 0～59；
- ◆ 秒范围是 0～59；
- ◆ 星期范围是 0～6，代表周一到周日；
- ◆ yearday 范围是 1～366。

例如：

```
>>> utime.localtime(0)
(2000, 1, 1, 0, 0, 0, 5, 1)
>>> utime.localtime()
(2015, 1, 1, 0, 2, 3, 3, 1)
```

- utime.mktime()

时间的反函数，它的参数是完整 8 参数的元组，返回值是从 Jan 1，2000 开始的秒数。

```
>>> utime.mktime((2015, 1, 1, 0, 3, 1, 3, 1))
473385781
>>> utime.mktime((2017, 5, 10, 22, 20, 12, 2, 130))
547770012
>>> utime.localtime(547770012)
(2017, 5, 10, 22, 20, 12, 2, 130)
```

- utime.sleep(seconds)

休眠指定的时间（秒），Seconds 可以是浮点数。注意有些版本的 MicroPython 不支持浮点数，为了兼容可以使用 sleep_ms()和 sleep_us()函数。

- utime.sleep_ms(ms)

延时指定毫秒，参数不能小于 0。

- utime.sleep_us(us)

延时指定微秒，参数不能小于 0。

- utime.ticks_ms()

返回不断递增的毫秒计数器，在超过一个范围后会重新开始计数（回绕）。计数值本身没有特定意义，我们可以用 TICKS_MAX 来简化说明，计数周期等于：

```
TICKS_PERIOD = TICKS_MAX + 1
```

TICKS_PERIOD 的数值一定是 2 的指数，但是具体数值在不同的移植版本上差异很大。ticks_ms(), ticks_us(), ticks_cpu()等函数的周期是相同的，因此这些函数返回值的范围是[0.. TICKS_MAX]，注意这里不使用负数。在大部分情况下，需要把这些返回值看作黑盒运算，它们只用于 ticks_diff()和 ticks_add()函数内部。

注意：直接将返回数值用在数学运算（+，-）或比较操作（<，<=，>，>=）是没有直接意义的，数学计算结果用做 ticks_diff()或 ticks_add()函数的参数也是无意义的。

- utime.ticks_us()

和上面的 ticks_ms()函数类似，只是返回值是微秒。

● utime.ticks_cpu()

和 ticks_ms/ticks_us 类似，但是具有最高精度。它通常使用 CPU 时钟，这也是函数名称的由来。但是不一定都是使用 CPU 时钟，在某些移植版本中可能会使用其他时钟（如高精度定时器），因此在需要移植的代码中避免使用这个函数。

● utime.ticks_add(ticks, delta)

计算指定偏移量的 ticks 数值。参数 delta 可以是正数或负数。对于给定的一个 ticks 参数，这个函数能够用模运算计算它之前或者之后的 delta 变化量（参考 ticks_ms()函数说明）。ticks 参数必须是直接调用 ticks_ms()，ticks_us()，以及 ticks_cpu()函数的结果（或调用 ticks_add()函数计算结果）；而 delta 可以是任意整数或者是数值表达式。ticks_add()可以用在计算事件和任务的截止时间（注意：需要用 ticks_diff()函数进行计算）。

```
# 100ms 之前的 tick 值
print(ticks_add(time.ticks_ms(), -100))

# 计算截止时间并执行操作
deadline = ticks_add(time.ticks_ms(), 200)
while ticks_diff(deadline, time.ticks_ms()) > 0:
    do_a_little_of_something()

# 打印当前系统的 TICKS_MAX 值
print(ticks_add(0, -1))
```

● utime.ticks_diff((ticks1, ticks2)

计算 ticks_ms()，ticks_us()或 ticks_cpu()函数之间的时间。函数类似减法运算 ticks1 - ticks2，但是因为这些函数的计数值可能会回绕，所以不能直接相减，需要使用 ticks_diff()函数。它使用了模运算（或者叫环形计算），即使数值发生了回绕，也可以得到正确的结果。函数返回值是有符号的，范围在[-TICKS_PERIOD/2 .. TICKS_PERIOD/2-1]之间（典型范围是二进制整数的定义范围）。如果结果是负数，说明 ticks1 发生在 ticks2 之前，否则 ticks1 发生在 ticks2 之后。

基本原理：假设你被锁在一个房间中，除了一个标准的 12 刻度时钟外，没有其他方式知道时间的变化。先看一下时间，13 小时后再看时钟（如睡了一个长觉后），这时看起来可能只过了一小时。为了避免这个错误，就需要定时检查时钟。你的程序也需要这样做，“长时间休眠”也代表一种系统行为：不要让你的系统运行任一任务过长。将任务分成多个步骤运行，并在步骤之间检查时间。

ticks_diff()函数被设计为适合多种方式，如：

检查超时。这种情况下，事件的先后顺序是确定的，只用检查 ticks_diff()函数的正结果部分：

```
# 等待 GPIO 变化，最长 500us
start = time.ticks_us()
while pin.value() == 0:
    if time.ticks_diff(time.ticks_us(), start) > 500:
        raise TimeoutError
```

调度事件。这种情况下，如果事件推迟，ticks_diff()将返回负数：

```
# 这个代码段没有进行优化
now = time.ticks_ms()
scheduled_time = task.scheduled_time()
if ticks_diff(now, scheduled_time) > 0:
    print("Too early, let's nap")
    sleep_ms(ticks_diff(now, scheduled_time))
    task.run()
elif ticks_diff(now, scheduled_time) == 0:
    print("Right at time!")
    task.run()
elif ticks_diff(now, scheduled_time) < 0:
    print("Oops, running late, tell task to run faster!")
    task.run(run_faster=true)
```

注意：

不要传递 time()函数的结果到 ticks_diff()函数，需要用正常的方法进行运算，注意 time()函数同样可能会溢出。参考链接为：https://en.wikipedia.org/wiki/Year_2038_problem。

● utime.time()

返回从纪元开始时间计算的秒数（整数），这里假设 RTC 已经按照前面方法设置好并正常运行。如果 RTC 没有设置，函数将返回参考点开始计算的秒数（对于没有后备电池的板子，通常是上电或复位后的时刻）。开发可移植版的 MicroPython 应用程序时，不要依赖此函数来提供超过秒级精度的时间。如果需要高精度，使用 ticks_ms()和 ticks_us()函数；如果需要日历时间，使用不带参数的 localtime()函数是更好的选择。

```
>>> time.time()
473385600
>>> time.time()
473385602
```

与 CPython 的不同之处如下：

在 CPython 中，这个函数用浮点数返回从 Unix 开始时间（1970-01-01 00:00 UTC）的秒数，通常是毫秒级的精度。在 MicroPython 中，只有 Unix 移植版才使用相同的开始时间。如果允许使用浮点数，将返回亚秒级的精度。嵌入式硬件通常没有用浮点数来表示长时间范围和亚秒级精度，而是用整数表示时间，精度是秒。一些嵌入式系统硬件不支持 RTC 电池供电方式，所以返回的秒数是从最后加电，或相对某个时间，以及特定硬件时间（如复位）。

5.19 zlib 解压缩（uzlib）

使用 DEFLATE 算法解压缩二进制数据（常用于 zlib 库和 gzip 文档）。压缩功能尚未实现。

函数如下：

● uzlib.decompress(data)

返回解压后的 bytes 对象。

Chapter 6

第 6 章 MicroPython 特别库

Python 以其强大的开源社区和众多的模块著称，而 MicroPython 受到系统资源的限制，没有 PC 上那么多模块，一些模块的功能也做了简化。即使这样，它的功能也足够强大，可以满足大多数应用要求。

下面介绍 MicroPython 中的一些特殊库，包含了很多有用的函数。

6.1 简化的 BTree 数据库（btree）

btree 模块使用外部存储器（磁盘文件或随机访问流）实现了简化的键值数据库。键值在数据库中排序存储，除了可以检索键值，还支持高效率的范围扫描（在指定范围检索键值）。在应用接口层，BTree 数据库工作模式类似标准的字典，一个显著的区别是键和值必须是字节对（因此如果需要存储其他类型的对象，就需要先将它们转化为字节）。

btree 模块基于著名的 BerkelyDB 库 1.xx 版。

6.1.1 函数

- btree.open(stream, flags=0, cachesize=0, pagesize=0, minkeypage=0)

从随机访问流（比如打开一个文件）打开数据库。其他参数都是可选的，用于微调数据库的操作（大部分用户都不需要）：

◆ flags-现在没有使用。

◆ cachesize-建议最大缓存大小（字节）。对于有足够内存的系统，较大缓存可以提高性能。这个参数只是推荐值，如果参数设置太小，模块会自动使用更多内存。

◆ pagesize-BTree 节点使用的页面大小。范围是 512～65536。如果设置为 0，将使用 I/O 块大小（在内存占用和性能之间的最佳折中方案）。

◆ minkeypage-每页存储键的最少数量，默认值是 0 等同于 2。

返回值是 BTree 对象，实现字典协议（方法集合），一些额外方法将在下面说明。

6.1.2 方法

- btree.close()

关闭数据库。在处理完成后会强制关闭数据库，因为部分缓存中的数据可能没有写入。注意这并不会关闭数据库打开的文件，它需要另外关闭（用来保证缓存的数据写入存储器）。

- btree.flush()

将缓存中的数据写入文件流。

- btree.__getitem__(key)
- btree.get(key, default=None)
- btree.__setitem__(key, val)
- btree.__detitem__(key)
- btree.__contains__(key)

标准字典方法。

- btree.__iter__()

BTree 对象，可以按顺序直接访问（类似字典）所有的键。

- btree.keys([start_key [, end_key [, flags]]])
- btree.values([start_key [, end_key [, flags]]])
- btree.items([start_key [, end_key [, flags]]])

这些方法类似标准的字典方法，但是可以通过参数指定键的子范围，而不是整个数据库。注意这三个方法中，*start_key* 和 *end_key* 参数代表键值。例如，values()方法中的值是对应给定的键范围。*start_key* 是 None 意味着"from the first key"（从第一个键开始），没有 *end_key* 或者是 None 代表"until the end of database"（直到数据库尾）。默认情况下，范围包括了 *start_key*，但不包括 *end_key*，可以通过设置 btree.INCL 标志指定 *end_key*，还可以通过 btree.DESC 标志设定降序模式，标志可以用 OR 组合。

6.1.3 常量

- btree.INCL

keys(), values(), items()等方法的标志位，用来设定扫描的 endkey 参数。

- btree.DESC

keys(), values(), items()等方法的标志位，用来设定降序扫描方式。

6.1.4 例程

下面例程演示了 btree 的基本使用方法：

```
import btree

# 首先打开流，保存数据库。通常使用文件，也可以通过 uio.BytesIO
# 使用内存数据库，flash 段等
f = open("mydb", "w+b")

# 打开数据库
db = btree.open(f)

# 添加的键值在数据库内部排序
db[b"3"] = b"three"
db[b"1"] = b"one"
db[b"2"] = b"two"

# 打印 b'two'
```

```
print(db[b"2"])

# 打印:
#   b'two'
#   b'three'

for word in db.values(b"2"):
print(word)

del db[b"2"]

# 打印 False
print(b"2" in db)

# 打印:
#   b"1"
#   b"3"
for key in db:
print(key)

db.close()

# 最后不要忘记关闭文件
f.close()
```

6.2 帧缓冲区操作（frambuf）

提供了通用的帧缓冲模块，可以用在创建位图，提高显示效率（如 OLED、液晶显示等）。

6.2.1 类

- class FrameBuffer

FrameBuffer 类提供了像素级的缓存，可以用于绘制像素、直线、矩形、文字，甚至是其他的 FrameBuffer。它在显示器上输出内容时非常有用。

例如：

```
import framebuf

# 对于 RGB565 FrameBuffer 中每个点需要 2 字节
fbuf = FrameBuffer(bytearray(10 * 100 * 2), 10, 100, framebuf.
RGB565)
fbuf.fill(0)
fbuf.text('MicroPython!', 0, 0, 0xffff)
fbuf.hline(0, 10, 96, 0xffff)
```

6.2.2　构造函数

class framebuf.FrameBuffer(buffer, width, height, format, stride=width)

FrameBuffer 函数，它的参数有：

- buffer，足够存放所有像素的缓冲区。
- width，FrameBuffer 宽度，按像素计算。
- height，FrameBuffer 的高度，按像素计算。
- format，指定缓冲区存放像素的类型。有效的定义有 framebuf.MVLSB、framebuf.RGB565 和 framebuf.GS4_HMSB。颜色值是一个短整型类型。

  MVLSB 表示单色（1 比特）；

  RGB565 表示 RGB 16 比特高彩色；

  GS4_HMSB 表示 4 比特灰度颜色。

- stride，水平线之间像素的数量。默认等于 width，但是对于较大的 FrameBuffer 内部或屏幕可能要进行调整。缓存大小必须符合增加的步长。

必须指定有效的 buffer、width、height、format 以及可选的 stride 参数。无效的缓存大小或尺寸将引起不可预料的错误。

6.2.3 绘制基本形状

下面方法可以利用 FrameBuffer 绘制不同形状。

- FrameBuffer.fill(c)

用指定颜色填充整个 FrameBuffer。

- FrameBuffer.pixel(x, y [, c])

读取或设置(x, y)处像素。如果没有指定参数 c，将读取颜色；如果指定了 c，就是设置颜色。

- FrameBuffer.hline(x, y, w, c)
- FrameBuffer.vline(x, y, h, c)
- FrameBuffer.line(x1, y1, x2, y2, c)

用给出的座标参数绘制直线，直线的宽度是 1 个像素。line()是在任意两个坐标之间绘制直线，而 hline()和 vline()分别绘制水平和垂直线。

- FrameBuffer.rect(x, y, w, h, c)
- FrameBuffer.fill_rect(x, y, w, h, c)

指定位置和大小，用颜色 c 绘制矩形。rect()绘制空心矩形，fill_rect()绘制实心矩形。

6.2.4 绘制文字

- FrameBuffer.text(s, x, y [, c])

写入字符串 *s* 到 FrameBuffer，使用左上坐标系（和计算机屏幕一样）。文字的颜色可以通过可选参数 *c* 指定，默认 1。字符的大小是 8×8 像素，暂时还不支持改变字体。

6.2.5 其他方法

- FrameBuffer.scroll(xstep, ystep)

用指定的步距移动 FrameBuffer 的内容。注意它可能会在 FrameBuffer 中留下以前的颜色。

- FrameBuffer.blit(fbuf, x, y [, key])

在当前 FrameBuffer 中绘制另外一个 FrameBuffer 的内容。如果指定了 *key*，它将被看作透明色，所有相同颜色的像素将不会被绘制出来。

在不同颜色模式下也可以使用这个方法，但是因为格式不匹配，最终的颜色可能不是预期的。

6.2.6　常量

- framebuf.MONO_VLSB

单色（1 比特）格式，一个字节表示 8 个相邻的垂直像素，下一个字节表示随后的 8 个垂直像素，直到底部；然后从上边下一行开始，每个字节的低位在前。

- framebuf.MONO_HLSB

单色（1 比特）格式，每个字节的低位在前（bit0）。framebuf.MONO_HLSB 和 framebuf.MONO_VLSB 非常类似，只是表示的是水平像素。

- framebuf.MONO_HMSB

和 framebuf.MONO_HLSB 类似，不过它是每个字节的高位在前（bit7）。

- framebuf.RGB565

红绿蓝（16 比特，分别占用 5，6，5 比特）颜色格式。

- framebuf.GS4_HMSB

4 比特灰度颜色格式。

后面将详细介绍使用 FrameBuffer 在 OLED 上绘图的方法。

6.3　硬件相关函数（machine）

这个模块包含了和特定硬件相关的各种函数，它可以不受限制地直接访问系统的硬件功能（如 CPU、定时器、总线等）。如果使用不当，会导致系统故障、死机、崩溃，甚至造成硬件损坏。

使用回调函数时需要注意，所有的回调函数都将在中断里面运行，包括真实设备（ID 大于 0）和虚拟设备（ID 是-1）。更多内容请参考编写中断处理程序部分。

6.3.1　复位函数

- machine.reset()

此函数功能是复位系统，就像按下了复位键一样。注意当使用 USB_VCP

作为 REPL 时，执行此函数会丢失 USB 连接。

- machine.reset_cause()

获取复位的原因。

6.3.2 中断相关函数

- machine.disable_irq()

禁止中断。返回值是调用函数前的 IRQ 状态，它可以作为 enable_irq()函数的参数，用来恢复以前的中断状态。

- machine.enable_irq(state)

允许（恢复）中断。*state* 参数应该由上次调用 disable_irq()函数获取。

6.3.3 功率管理

- machine.freq()

返回 CPU 频率。

- machine.idle()

停止 CPU 的时钟，在任何时候都可以用来降低功耗。外设会继续工作，程序在发生任何中断后（在大部分移植版本中，包括了系统定时中断）恢复运行。

- machine.sleep()

停止 CPU 并禁用除了 WLAN（如果存在）之外的全部外设。程序将从休眠处恢复执行，当需要使用唤醒功能时，在休眠前需要先配置好唤醒源。

- machine.deepsleep()

停止 CPU 以及全部外设（包括网络接口，如果存在）。唤醒后程序将从 main 恢复执行，就像复位一样，deepsleep()唤醒后检查的复位原因将是 machine.DEEPSLEEP。当需要使用唤醒功能时，在休眠前需要先配置好唤醒源，如引脚电平变化或 RTC 超时。

- machine.unique_id()

如果硬件允许支持这个功能，将返回开发板/芯片的唯一识别码。每个开发板/芯片的识别码都不相同。识别码的长度由硬件决定（如果需要短 ID 可以使用完整 ID 的子串），在 pyboard 中是 12 字节。在一些 MicroPython 移植版中，ID 对应网络的 MAC 地址。例如：

```
>>> machine.unique_id()
b'A\x00T\x00\x12Q528312'
```

- machine.time_pulse_us(pin, pulse_level, timeout_us=1000000)

在指定引脚上测量脉冲持续时间，返回值单位是微秒。pulse_level 参数代表脉冲的电平，如果引脚上的电平和 pulse_level 不同，将先等待电平相同后再开始测量，否则将立即开始测量脉冲时间。

如果等待电平相同过程中超时，函数将返回-2；如果测量脉冲超时，将返回-1。两种情况的超时时间都通过 timeout_us 参数设置。

6.3.4 常量

中断唤醒值：

- machine.IDLE
- machine.SLEEP
- machine.DEEPSLEEP

复位原因：

- machine.PWRON_RESET
- machine.HARD_RESET
- machine.WDT_RESET
- machine.DEEPSLEEP_RESET
- machine.SOFT_RESET

唤醒原因：

- machine.WLAN_WAKE
- machine.PIN_WAKE
- machine.RTC_WAKE

6.3.5 Class

这里介绍 machine 模块中包含的一些类及其使用方法。有些功能和 pyb 模块中类似，但是并不完全相同。

1. IO 控制（Pin）

Pin 对象用于控制 I/O 引脚（通常也叫作 GPIO，通用输入/输出）。Pin 对象通常关联到物理引脚上，可以驱动输出的电压，或者读取输入电压。Pin 类包含了设置引脚的模式（输入、输出等）和设置/读取引脚的逻辑电平。对于模拟输入，需要使用 ADC 类。

一个 Pin 对象通过 I/O 引脚识别符进行构造，它将识别符和物理引脚映射到指定端口上。可能的识别符是一个整数、字符串或者是包含端口和引脚号的元组。

1）构造函数

class machine.Pin(id, mode=-1, pull=-1, *, value, alt)

将物理引脚（GPIO）关联到指定的 id。如果给出了额外参数，在构造的同时将进行初始化设置。若没有指定的设置，将保持之前的状态。

- id，可能的类型有 int（内部引脚识别符）、str（引脚名称），以及元组([端口，引脚])。
- mode，指定引脚的模式，可以是下面几种模式之一：
  - Pin.IN，输入模式。引脚是高阻态。
  - Pin.OUT，一般输出模式。
  - Pin.OPEN_DRAIN，开漏输出模式。在开漏输出模式下，输出 0 就是低电平，输出 1 时引脚是高阻态。注意，不是所有的端口都支持这个模式。
  - Pin.ALT，引脚配置为第二功能。在这个模式下，其他的引脚方法（除了 Pin.init()）将不可用（调用后结果是不确定的，或者由硬件规格决定）。不是所有引脚都支持这个模式，它的功能与引脚有关。
  - Pin.ALT_OPEN_DRAIN，和 Pin.ALT 相同，但是引脚配置为开漏方式。这个模式同样不是所有引脚都支持的。
- pull，指定引脚的内部（弱）上拉下拉电阻。它可以是：
  - None，不使用上拉或下拉电阻。
  - Pin.PULL_UP，允许上拉电阻。
  - Pin.PULL_DOWN，允许下拉电阻。

◆ value，指定引脚的输出电平，它只在 Pin.OUT 和 Pin.OPEN_DRAIN 模式下有效，其他模式下会保持原有的电平不变。

◆ alt，指定引脚的第二功能，具体功能与引脚相关。这个参数只在 Pin.ALT 和 Pin.ALT_OPEN_DRAIN 模式下有效，在引脚存在多种第二功能时需要用到这个参数，如果引脚只支持一种第二功能，可以不需要这个参数。

Pin class 允许在特定 IO 上设置第二功能，但是不会做进一步的操作。配置为第二功能的引脚通常不作为 GPIO，而由其他硬件外设模块驱动。这样的引脚一般只支持一种操作：重新初始化，通过构造函数或者 Pin.init()方法。如果将配置为第二功能的引脚重新初始化为 Pin.IN、Pin.OUT 或 Pin.OPEN_DRAIN 等模式，第二功能将被取消。

2）Pin 的方法

（1）Pin.init(mode=-1, pull=-1, *, value, drive, alt)

使用给定参数初始化引脚。只设置指定的参数，没有设定的参数将不发生变化。参数的含义请参考前面构造函数小节。

无返回参数。

（2）Pin.value([x])

这个方法可以设置或者读取引脚的电平。

如果不带有参数，将读取引脚上的逻辑电平，根据电平高低返回 1 或 0。返回值和引脚的模式有关：

◆ Pin.IN，返回引脚上的输入电平。

◆ Pin.OUT，返回值不确定。

◆ Pin.OPEN_DRAIN，如果引脚状态是“0”，状态和返回值不确定。如果引脚状态是“1”，将返回引脚上的电平。

如果带有参数，就是设置引脚的输出电平。参数 *x* 可以是任何能够转化的布尔量。如果是 True，就会设置输出为“1”，否则是设置为“0”。返回值和引脚的模式有关：

◆ Pin.IN，参数将写入引脚的输出缓存，但引脚的状态不会发生变化，引脚仍然保持高阻态。当引脚模式变为 Pin.OUT 或 Pin.OPEN_DRAIN 时参数才会生效。

◆ Pin.OUT，立即写入输出缓存，改变引脚状态。

◆ Pin.OPEN_DRAIN，如果参数是"0"，将拉低引脚，否则将引脚变为高阻态。

在设置状态时，函数无返回值。

（3）Pin.high()。

（4）Pin.low()

效果类似于 Pin.value(1)和 Pin.value(0)。

3）属性

class Pin.board

包含 board 支持的所有引脚。如：

```
>>> Pin.board.X1
Pin(Pin.cpu.A0, mode=Pin.IN)
>>> Pin.board.X1.value()
0
>>>
```

4）常量

引脚模式

- Pin.OUT
- Pin.OPEN_DRAIN
- Pin.ALT
- Pin.ALT_OPEN_DRAIN

引脚内部上/下拉电阻

- Pin.PULL_UP
- Pin.PULL_DOWN
- Pin.PULL_NONE

5）例程

```
from machine import Pin
# 创建 pin 对象 p0 到 PA0
p0 = Pin('A0', Pin.OUT)
```

```
# 设置输出电平
p0.value(0)
p0.value(1)

# 创建输入引脚对象到 PA2, 允许上拉
p2 = Pin('A2', Pin.IN, Pin.PULL_UP)

# 读取 p2 的输入电平
print(p2.value())

# 改变引脚 p0 为输入模式
p0.init(mode = Pin.IN)
```

2. 两线串行协议（I2C）

machine 中的 I2C 模块和 pyb 中的 I2C 模块功能类似，都是实现 I2C 接口。可能有读者会问，既然 pyb 中已经有了 I2C 模块，为什么 machine 中还需要 I2C 模块呢？是不是有些重复了，它们的区别是什么？

其实 pyb 模块中的 I2C 和 machine 模块中的 I2C 是有不少区别的。不但函数的名称不同，参数也不完全相同。此外，还有一个最大的不同在于，pyb 中的 I2C 只能使用硬件 I2C 功能，而 machine 中的 I2C 除了支持硬件 I2C 功能外，还能够支持软件 I2C 功能，可以使用任意两个 GPIO 模拟 I2C 功能，极大地扩展了应用范围。

1）构造函数

class machine.I2C(id=-1, *, scl, sda, freq=400000)

创建 I2C 对象。各参数的含义是：

- id，如果 id 是-1，代表使用软件 I2C 模式，需要指定 scl 和 sda 参数，可以使用任意引脚。否则就是指定硬件 I2C，这时不能指定 scl 和 sda。在硬件 I2C 模式下，id 是从 1 开始的（注意不是 0），代表 I2C1，2 代表 I2C2，以此类推。
- scl，软件 I2C 模式下 SCL 使用的引脚。硬件 I2C 模式下不能设置。

◆ sda，软件 I2C 模式下 SDA 使用的引脚。

◆ freq，设置 SCL 上最大的频率值。freq 是一个整数，注意不要超过 I2C 芯片允许的最大频率。

2）方法

（1）I2C.init(scl, sda, *, freq=400000)

初始化 I2C 总线。

◆ scl，软件 I2C 模式下的 SCL 引脚，硬件 I2C 模式下这个参数无效。

◆ sda，软件 I2C 模式下的 SDA 引脚，硬件 I2C 模式下这个参数无效。

◆ freq，SCL 上最大时钟速率。

（2）I2C.scan()

扫描 I2C 总线上地址在 0x08 到 0x77 之间的设备，返回响应设备的地址列表。设备响应是指当设备收到地址信号后（包括 write 位），将 SDA 信号拉低。

（1）基本总线操作。

◆ I2C.start()。

◆ I2C.stop()。

◆ I2C.readinto(buf, nack=True) 。

◆ I2C.write(buf) 。

这些方法是为了兼容其他平台而设置的，可以提供更基本的 I2C 功能，但是在 pyboard 上还不能使用。

（2）标准总线操作。

下面方法执行了标准的 I2C 主设备读写功能。

◆ I2C.readfrom(addr, nbytes, stop=True)

从指定地址读取 nbytes 字节数据，返回的数据是 byes 对象。如果 stop 是 true，在最后将发送一个 STOP 信号。

◆ I2C.readfrom_into(addr, buf, stop=True)

从地址 addr 读取数据到缓存 buf，读取数据的数量等于 buf 的长度。如果 stop 是 true，在最后将发送一个 STOP 信号。这个函数无返回值。

◆ I2C.writeto(addr, buf, stop=True)

写入缓存 buf 的数据到地址是 addr 的设备。如果在写操作后收到 NACK 信号，剩余的数据将不会被发送。如果 stop 是 True，在最后将产生一个 STOP 信号，即使收到 NACK 也会发送 STOP 信号。返回值是收到的 ACK 信号数量。

（3）内存操作。

一些 I2C 设备可以作为内存设备（或寄存器组），可以连续读取和写入。这种情况下，有两个地址和 I2C 相关：从设备地址和内存（寄存器）地址。下面的方法适合与这些设备进行通信，提高运行效率。

◆ I2C.readfrom_mem(addr, memaddr, nbytes, *, addrsize=8)。

从指定设备地址 addr 的 memaddr 处开始读取 nbytes 字节。addrsize 参数指定地址宽度。返回值是包含数据的字节对象。

◆ I2C.readfrom_mem_into(addr, memaddr, buf, *, addrsize=8)。

从指定设备地址 addr 的 memaddr 处开始读取 nbytes 字节到缓存 buf。addrsize 参数指定地址宽度。返回值是包含数据的字节对象。

这个函数无返回值。

◆ I2C.writeto_mem(addr, memaddr, buf, *, addrsize=8)。

写入缓存 buf 的数据到从设备地址 addr 的内存地址 memaddr。addrsize 指定了地址宽度。

这个函数无返回参数。

3）例程

下面代码演示了读取 PYBV10 内部加速度传感器的寄存器。

```
>>> from machine import I2C
>>> i2c = I2C(1, freq=400000)
>>> i2c.scan()
```

[76]

```
>>> i2c.writeto(76, b'\x00')
```

1

```
>>> i2c.readfrom(76, 1)
```

b'\x05'

```
>>> i.readfrom_mem(76, 0, 8)
b'8qI\t\x01\x00\x00\x01'
```

3. 串行外设接口总线（SPI，主设备端）

SPI 是同步串行总线，由主设备驱动。在物理层，SPI 总线由 3 根信号线组成：SCK、MOSI 和 MISO。多个设备可以连接在同一个总线上，每个设备有一个独立的信号线 SS（从设备选择），用来选择需要通信的特定设备。SS 信号由用户程序进行管理（通过 machine.Pin 类）。

1）构造函数

class machine.SPI(id, ...)

使用指定 id 构建 SPI 对象。id 的范围与硬件相关，和 I2C 模块一样，id 的序号也是从 1 开始的。如果 id 是-1，代表使用软件 SPI 方式，这时需要指定 sck、mosi 和 miso 信号使用的引脚。

如果不带有其他参数，创建 SPI 时将不进行初始化（如果以前使用过总线，将使用上一次的参数）。如果给出了额外参数，将使用这些参数初始化总线。这些参数的说明可以参考 SPI.init()函数。

2）方法

（1）SPI.init(baudrate=1000000, *, polarity=0, phase=0, bits=8, firstbit= SPI.MSB, sck=None, mosi=None, miso=None)

初始化 SPI 总线。各参数的含义分别是：

- baudrate，SCK 时钟信号的速率。
- polarity，极性，可以是 0 或 1，表示空闲状态下 SCK 信号的电平。
- phase，相位，可以是 0 或 1，表示在第一或第二时钟沿进行采样。
- bits，代表一次传送数据的位数，只有 8 位模式可以被所有硬件平台支持。
- firstbit，可以是 SPI.MSB 或 SPI.LSB，表示先传送高位或者低位。
- sck，mosi，miso，代表总线使用的引脚。在大部分硬件中，SPI 模块的引脚是固定的，不能被改变。在某些硬件型号中，允许有 2～3 个替换引脚。此外软件 SPI 模式下（id =-1），可以使用任意引脚。

（2）SPI.deinit()

关闭 SPI 总线。

（3）SPI.read(nbytes, write=0x00)

从总线上读取 nbytes 字节数据，同时写入指定数据。返回值是读取的数据。

（4）SPI.readinto(buf, write=0x00)

读取数据到指定缓存 buf，同时写入数据。读取数据的数量是缓存的长度，无返回值。

（5）SPI.write(buf)。

写入 buf 中的数据，函数无返回值。

（6）SPI.write_readinto(write_buf, read_buf)。

写入缓存 write_buf 中的数据，同时读取数据到缓存 read_buf。这两个缓存可以是同一个缓存，也可以是两个独立的缓存，如果是两个缓存，则长度需要相等。函数无返回值。

3）常量

（1）SPI.MSB。

传输时高位在前。

（2）SPI.LSB。

传输时低位在前。

4）例程

```
from machine import SPI

spi=SPI(1)
spi.write('12345')
spi.read(5)

buf1 = buf2 = bytearray(10)
spi.write_readinto(buf1, buf1)
spi.write_readinto(buf1, buf2)
```

4．看门狗定时器（WDT）

看门狗用于当系统发生故障或进入非预期状态时，自动重新启动系统。在 STM32 中看门狗一旦启动后，就不能再次修改配置或者停止了。启动看门狗后，程序需要定期“喂狗”，防止它超时重新启动系统。

正常情况下，程序可以通过“喂狗”使看门狗不发生动作，这时系统的状态是已知的；在异常情况下，程序无法喂狗，看门狗将超时，从而复位系统，让系统恢复到可控状态。为了让看门狗可以及时发挥作用，通常不要在程序中太多地方喂狗，也不要在定时器中喂狗。

1）构造函数

class machine.WDT(id=0, timeout=5000)

创建 WDT 对象，并启动看门狗。超时时间是按毫秒计算的，最小是 1ms。

2）方法

wdt.feed()

喂看门狗，防止超时后系统复位。它需要放在用户程序合适的位置，保证看门狗不会被意外触发，又能够在需要时起到保护作用。

3）例程

```
from machine import WDT
wdt = WDT(timeout=2000) # enable it with a timeout of 2s
wdt.feed()
```

注：运行下面程序后，如果不定期喂看门狗，就会使系统复位，造成 USB 连接中断。

6.4 访问和控制 MicroPython 内部（micropython）

- micropython.const(expr)

用于声明常量，使编译器可以优化它。函数的用法如下：

```
from micropython import const


CONST_X = const(123)
CONST_Y = const(2 * CONST_X + 1)
```

用这种方法声明的常量在这个模块之外，仍然可以作为全局变量使用。如果一个常量以下划线开头，那么它就是隐藏的，不能作为全局变量，在执行过程中不占用内存。

const 函数直接由 MicroPython 解析器识别并作为 MicroPython 模块的一部分，因此只要遵循上面的规范，脚本就可以同时在 CPython 和 MicroPython 下使用。

- micropython.opt_level([level])

如果指定了 level 参数，函数将设置脚本编译的优化等级，否则将返回当前的优化等级。

- micropython.alloc_emergency_exception_buf(size)

为突发事件异常缓冲区分配 RAM 空间（分配 100 字节左右比较合适）。这个缓存用于在异常情况下使用常规方式分配内存失败时（例如中断处理中），给出有用的回溯信息。

一个好的用法是将这个函数放在主程序的开始（如 boot.py 或 main.py），紧急异常缓存将对后面所有代码都生效。

- micropython.mem_info([verbose])

打印当前内存的使用情况。如果是 verbose 参数，将显示额外的信息。

打印的信息和系统有关，目前包括堆栈使用情况，在冗余模式下，还将显示使用的块和剩余的块。

- micropython.qstr_info([verbose])

显示使用的字符串情况，如果指定 verbose 参数将显示更多信息。

显示的信息和移植版本有关，目前包括显示使用的字符串数量和占用的内存，冗余模式下还将显示所有字符串的名称。

- micropython.stack_use()

返回当前堆栈使用数量。这个参数的绝对数值并没有特别用处，但是它可以计算不同时刻堆栈使用的差异。

- micropython.heap_lock()
- micropython.heap_unlock()

锁定或解锁 heap。当锁定时，任何内存都无法再分配，任何尝试分配 heap 空间的行为都将引起 MemoryError 异常。

这两个函数可以嵌套使用，如 heap_lock()可以多次调用进行深度加锁，这时必须调用同样次数的 heap_unlock()用来解锁。

- micropython.kbd_intr(chr)

设置 KeyboardInterrupt 异常使用的字符，默认设置是 3，它对应着 Ctrl-C。设置为-1 代表禁用 Ctrl-C，设置 3 可以再次恢复这个功能。

这个函数可以用来在输入数据流时禁用 Ctrl-C，防止数据被 REPL 意外捕捉。

● micropython.schedule(fun, arg)

函数 fun 将被“尽快”调度执行。参数 arg 将作为唯一参数传递给函数。

“尽快”意味着 MicroPython 会尽可能早地运行，在满足下面条件时还要保证有一定效率：

◆ 调度函数不会抢占其他的调度函数。

◆ 调度函数总是在“操作之间”执行，代表所有的 Python 基本操作（如附加到列表）保证不会冲突。

◆ 某些移植版本可能会定义“临界状态”，使调度函数不被执行。函数在临界状态可以被调度，但是在临界状态时不会被调度，直到退出临界状态后才会执行。一个临界状态的例子是抢占中断（IRQ）。

这个函数的一种用法是针对 IRQ 的回调函数，IRQ 会请求一些功能限制（例如 heap 可能被锁定），而调度函数在稍后运行，可以取消这些限制。

注意调度函数的堆栈是有限的，当堆栈溢出就会引发 RuntimeError 异常。

6.5 使用网络（network）

这个模块提供了网络驱动和程序配置功能。它可以驱动特定硬件的网络，配置网络接口，然后通过 socket 模块就能进行网络通信。使用网络模块必须安装带有网络驱动的固件（pyboard 有两个版本的固件：带有网络驱动的和不带网络驱动的，在官方的下载中可以找到这两种不同的固件。其他开发板就需要在编译源码时加入网络选项才能支持 network 功能）。

例如：

```
# 配置网络接口
import network

# 具体的驱动使用方法参考后面的说明
nic = network.Driver(...)
print(nic.ifconfig())
```

```
# 然后就可以使用 socket 进行通信
import socket
addr = socket.getaddrinfo('micropython.org', 80)[0][-1]
s = socket.socket()
s.connect(addr)
s.send(b'GET / HTTP/1.1\r\nHost: micropython.org\r\n\r\n')
data = s.recv(1000)
s.close()
```

6.5.1　class CC3K

这个类提供了 TI 的 CC3000 WiFi 模块的驱动。它的使用方法是：

```
Import network
nic = network.CC3K(pyb.SPI(2), pyb.Pin.board.Y5, pyb.Pin.board.Y4,
pyb.Pin.board.Y3)
nic.connect('your-ssid', 'your-password')
while not nic.isconnected():
  pyb.delay(50)
print(nic.ifconfig())
# now use socket as usual
...
```

对于这个例子，CC3000 模块需要连接到如表 6.1 所示引脚（SPI 接口）。

表 6.1　CC3000 模块连接方式

CC3000 信号	pyboard 引脚	STM32 端口
MOSI	Y8	PB15
MISO	Y7	PB14
CLK	Y6	PB13
CS	Y5	PB12
VBEN	Y4	PB9
IRQ	Y3	PB8

也可以使用其他的 SPI 总线接口和其他引脚控制 CS、VBEN 和 IRQ 信号。

1. 构造函数

class network.CC3K(spi, pin_cs, pin_en, pin_irq)

创建 CC3K 驱动对象，用指定的 spi 和 gpio 初始化 CC3000 模块，返回 CC3K 对象。

参数说明：

- ◆ spi，连接到 CC3000 模块的 SPI 对象（MOSI，MISO 和 CLK 引脚）。
- ◆ pin_cs，连接到 C3000 模块的 CS 信号。
- ◆ pin_en，连接到 CC3000 模块的 VBEN 信号。
- ◆ pin_irq，连接到 CC3000 模块的 IRQ 信号。

所有这些对象由 CC3K 驱动初始化，不需要用户先进行初始化。例如：

```
nic = network.CC3K(pyb.SPI(2), pyb.Pin.board.Y5, pyb.Pin.board.Y4,
pyb.Pin.board.Y3)
```

2. 方法

- cc3k.connect(ssid, key=None, *, security=WPA2, bssid=None)

用给定的 SSID 和密码等参数连接到 WiFi 热点。

- cc3k.disconnect()

断开 WiFi 连接。

- cc3k.isconnected()

如果已经连接到 WiFi 并获得了有效的 IP 地址，将返回 True，否则返回 False。

- cc3k.ifconfig()

返回包含了（ip，subnet mask，gateway，DNS server，DHCP server，MAC address，SSID）等 7 参数的元组。

- cc3k.patch_version()

返回补丁程序的版本（固件）。

- cc3k.patch_program('pgm')

上传固件到 CC3000，必须将'pgm'作为第一个参数进行上传。

3. 常量

- CC3K.WEP
- CC3K.WPA
- CC3K.WPA2

WiFi 连接时使用的安全类型。

6.5.2 class WIZNET5K

WIZNET5K 模块可以控制使用 W5200 和 W5500 芯片的 WIZnet5x00 以太网适配器（仅测试了 W5200）。

使用方法：

```
import network
nic = network.WIZNET5K(pyb.SPI(1), pyb.Pin.board.X5, pyb.Pin.board.X4)
print(nic.ifconfig())
# now use socket as usual
...
```

对于这个例子，需要连接 WIZnet5x00 模块到如表 6.2 所示的引脚。

表 6.2　WIZnet5x00 模块连接方式

WIZnet5x00 模块	pyboard 端口	STM32 引脚
MOSI	X8	PA7
MISO	X7	PA6
SCLK	X6	PA5
Nss	X5	PA4
nRESET	X4	PA3

可以使用其他 SPI 总线接口，以及用其他引脚控制 nSS 和 nRESET 信号。

1. 构造函数

class network.WIZNET5K(spi, pin_cs, pin_rst)

创建 WIZNET5K 对象，并使用指定 SPI 和端口进行初始化，返回 WIZNET5K 对象。

参数说明：

◆ spi，连接 WIZnet5x00 的 SPI 对象（包含 MOSI、MISO 和 SCLK 引脚）。

◆ pin_cs，连接 WIZnet5x00 模块的 nSS 信号。

◆ pin_rst，连接到 WIZnet5x00 模块的 nRESET 信号。

所有这些参数由驱动进行初始化，因此无须预先初始化。例如：

```
nic = network.WIZNET5K(pyb.SPI(1), pyb.Pin.board.X5, pyb.Pin.
board.X4)
```

2. 方法

● wiznet5k.ifconfig([(ip, subnet, gateway, dns)])

获取/设置 IP 地址、子网掩码、网关和 DNS。

当不带参数时，返回上述参数的元组。在设置参数时，需要传递完整的 4 参数元组。例如：

```
nic.ifconfig(('192.168.0.4',  '255.255.255.0',  '192.168.0.1',
'8.8.8.8'))
```

● wiznet5k.regs()

转储 WIZnet5x00 寄存器，通常仅用于调试。

注：因为 CC3000 和 WIZNET5K 模块在实际中使用较少，因此更多关于网络驱动部分的用法可以参考本书的 ESP8266 章节。

6.6 结构化访问二进制数据（uctypes）

这个模块实现 MicroPython 的“外部数据接口”。它背后的设计想法类似于 CPython 的 ctypes 模块，但是 API 不同，其精简并优化了大小。基本思路是定义与 C 语言相同功能的数据结构层，并通过类似的方法访问子域。

参考 ustruct 模块中标准 Python 方法访问二进制数据结构（不适合大量和复

杂的结构）。

6.6.1 定义数据结构层

结构层的定义是通过“描述符”-Python 字典中用编码字段名称作为键值和其他属性的描述符。目前，uctypes 要求每个字段明确规范偏移量，偏移量使用字节方式，从结构的开始计算。

下面是编码例子：

- 标量类型

```
"field_name": uctypes.UINT32 | 0
```

换句话说，数值是标量类型起始加上偏移量（字节）。

- 递归结构

```
"sub": (2, {
   "b0": uctypes.UINT8 | 0,
   "b1": uctypes.UINT8 | 1,
})
```

例如，数据是一个 2 参数的元组，第一个元素是偏移量，第二个是结构描述字典（注：偏移量在递归描述符中是相对于结构定义的）。

- 基本类型数组

```
"arr": (uctypes.ARRAY | 0, uctypes.UINT8 | 2),
```

例如数值是一个 2 参数元组，第一个元素是数组标志加偏移量，第二个是数组中标量元素类型加元素数量。

- 聚合类型数组

```
"arr2": (uctypes.ARRAY|0, 2, {"b": uctypes.UINT8 | 0}),
```

例如 3 参数的元组，第一个元素是带有偏移量的数组标志，第二个是数字，第三个是元素类型说明。

- 原始类型指针

```
"ptr": (uctypes.PTR|0, uctypes.UINT8),
```

例如 2 参数的元组，第一个元素是带偏移量的 PTR 标志，第二个是标量元素类型。

- 集合类型的指针

```
"ptr2": (uctypes.PTR | 0, {"b": uctypes.UINT8 | 0}),
```

例如 2 参数的元组，第一个元素是 PTR 标志加偏移量，第二个是指针类型说明。

- 位域

```
"bitf0": uctypes.BFUINT16 | 0 | 0 << uctypes.BF_POS | 8 << uctypes.BF_LEN,
```

例如参数是包含位域的标量类型(类型名类似标量类型，但带有前缀“BF”)、偏移量，以及位域长度，分别由 BF_POS 和 BF_LEN 进行位移。位域位置从最低有效位开始，到最右边（换句话说，它是一个位通过右移而成的）。

上面例子中，第一个 UINT16 参数在偏移量 0 处提取（在访问硬件寄存器时这很重要，需要特定的大小，对齐），位域的最右边位是 UINT16 的最低有效位，长度是 8 比特，实际上它访问的是 UINT16 的低字节。

注意位域运算是独立于目标的字节顺序，上面例子中在小端或大端结构中都会访问 UINT16 的最低有效字节。它取决于最低有效位编号 0，一些系统使用与原生编号不同的方式，但 uctypes 总是使用上述编号规范。

6.6.2 模块内容

- class uctypes.struct(addr, descriptor, layout_type=NATIVE)

外部数据结构对象实例，基于内存中结构地址、说明（编码为字典），以及层次类型。

- uctypes.LITTLE_ENDIAN

小端压缩结构类型（压缩意味着每个字段占用的字节数正好是描述中定义的字节数，即对齐方式为 1）。

● uctypes.BIG_ENDIAN

大端压缩结构类型。

● uctypes.NATIVE

原生结构类型——数据的字节顺序、对齐方式和硬件系统一致方式。

● uctypes.sizeof(struct)

按字节返回数据结构的大小，参数可以是类或者类型对象（或它的集合）。

● uctypes.addressof(obj)

返回对象的地址，参数需要是 bytes、bytearray 或支持缓存的类型（返回缓存的实际地址）。

● uctypes.bytes_at(addr, size)

捕获给定地址和大小的内存作为 bytes 对象。因为字节对象是不可变的，实际是复制内存到字节对象。因此如果内存内容发生改变，创建的字节对象还是原始值。

● uctypes.bytearray_at(addr, size)

捕捉给定地址和大小的内存为 bytearray 对象。与 bytes_at()函数不同，捕捉的内存是引用值，因此它们都可以被再次写入，可以通过内存访问参数。

6.6.3 结构说明和实例化结构对象

给定一个结构描述词典及其层次类型，就可以使用 uctypes.struct()在指定内存地址构建实例。内存地址通常来自于：

● 预定义地址。当在裸机系统中访问硬件寄存器时，可以在数据手册中查找这些寄存器地址。

● 作为某些 FFI（外部函数接口）函数的返回值。

● 来自 uctypes.addressof()。传递参数到 FFI 函数，或通过 I/O 访问数据（例如，从文件或网络套接字读取数据）。

6.6.4 结构对象

结构对象允许使用标准的点操作访问字段，如 my_struct.substruct1.field1。如果字段是标量类型，就会产生一个相应的原始值（Python 整数或浮点数），也可以分配标量到字段。

如果字段是数组，它的每个元素可以通过标志的下标操作符[]访问，支持读或写。

如果字段是指针，可以使用[0]语法引用（对应 C 的*操作符，在 C 语言中也可以使用[0]）。指针也可以使用非 0 的整数作为下标，和 C 语言类似。

结论，访问结构字段通常遵循 C 语言的语法，除了指针有所不同，需要用[0]代替*。

6.6.5 限制

访问非标量字段导致分配临时对象代表它们，这意味着在禁止内存分配时访问它们需要特别注意结构层次（如在中断里）。推荐方法：

- 避免嵌套。例如不要使用 mcu_registers.peripheral_a.register1 这样的用法，而是每个设备分别定义，再访问 peripheral_a.register1。
- 避免非标量数据，如数组。例如不要使用 peripheral_a.register[0]，而是使用 peripheral_a.register0。

请注意这些建议会降低可读性和简洁性，因此只在不能分配内存时使用它（甚至可以定义两个并行的结构，一个用在正常模式，一个用在禁止分配内存时）。

6.7 线程

线程（_thread）模块是 MicroPython 在 v1.9 以后版本提供的功能，它为 pyboard 专门提供了一个支持线程功能的固件。使用这个固件，就可以在 MicroPython 中使用线程，处理复杂的任务。除了 pyboard 外，ESP32 上也支持线程，而 ESP8266 目前不支持线程功能。

在 Python 中，线程的用法类似于嵌入式系统中的 RTOS 的多任务。每个线程都是一个单独的函数，通常这个函数会包含一个无限循环，在循环中处理任务。一个系统可以由多个线程组成，每个线程完成一个或几个功能，这样就可以将一个复杂的系统进行简化。

因为 MicroPython 中还没有正式提供线程方面的文档，所以大家可以先参考 Python 的相关文档。

6.7.1　基本函数

- _thread.start_new_thread(thread, (param))

创建线程。thread 是线程函数名，param 是线程函数的参数列表。

- _thread.exit()

退出线程。

6.7.2　使用方法

我们先创建一个单线程的程序，在线程中，每 100ms 改变一次 LED1 状态。大家可以将它和前面定时器中 LED 的程序进行比较。

```
import _thread

def task_LED(id, delay):                        # 定义线程函数
    while True:                                 # 无限循环
        pyb.LED(id).toggle()                    # 改变 LED
        pyb.delay(delay)                        # 延时，同时让出控制权

_thread.start_new_thread(task_LED, (1,100))     # 创建线程
```

更进一步，我们创建两个线程，每个线程控制一个 LED（用相同线程函数）。

```
import _thread

def task_LED(id, delay):                        # 定义线程函数
    while True:                                 # 无限循环
        pyb.LED(id).toggle()                    # 改变 LED
        pyb.delay(delay)                        # 延时，同时让出控制权

_thread.start_new_thread(task_LED, (1,100))     # 创建线程 1
_thread.start_new_thread(task_LED, (2,200))     # 创建线程 2
```

在下面的程序中，先定义了 2 个线程函数，然后创建了 4 个线程，分别改变 LED 状态和打印消息。

```
import _thread

# 定义 LED 线程
def task_LED(id, delay):
    while True:
        pyb.LED(id).toggle()
        pyb.delay(delay)

# 定义打印消息线程
def task_PRINT(info, delay):
    while True:
        print(info)
        pyb.delay(delay)

# 创建 4 个线程：2 个 LED 线程，2 个消息打印线程
_thread.start_new_thread(task_LED, (1, 500))    # 每500ms改变LED1
_thread.start_new_thread(task_LED, (2, 1000))  # 每1s改变LED2
_thread.start_new_thread(task_PRINT, ("Hello!", 2000)) # 每2s打
印Hello
_thread.start_new_thread(task_PRINT, ("12345", 5000))  # 每5s打
印12345
```

注意线程函数不能用 Ctrl-C 中断，只能通过复位方式中断。

每个线程都会消耗额外的 RAM 和堆栈（至少需要 4KB 以上的 RAM，在不同硬件平台的移植版本上也不相同），因此不要定义过多的线程，避免出现内存不足的问题。

Chapter 7

第 7 章 pyboard 专用模块（pyb）

pyb 是 pyboard 开发板的专用库。从名称我们就可以看出，pyb 是 pyboard 的缩写，它包含了 pyboard 的许多专用功能，利用 pyb 我们能够实现各种功能。

在前面介绍 pyboard 的各种功能时，我们其实已经介绍了很多 pyb 模块中的相关功能。下面将补充介绍 pyb 模块中其他的重要功能，已经完整介绍过的功能就不重复了，大家可以参考前面的说明。

7.1 时间相关功能

- pyb.delay(ms)

延时指定的时间，单位是毫秒。

- pyb.udelay(us)

延时指定的时间，单位是微秒。

- pyb.millis()

返回启动（复位）后运行的时间（毫秒）。返回值是 MicroPython 的 smallint 类型（31 位有符号整数），因此在 2^{30} 毫秒后（大约 12.4 天）它将变为负数。

注意如果 pyb.stop()函数会停止硬件计数器，因此在“休眠”时计数将暂停。

它也会影响 pyb.elapsed_millis().

- pyb.micros()

返回复位后系统运行的时间（微秒）。返回值是 MicroPython 的 smallint 类型（31 位有符号整数），因此在 2^{30} 微秒后（大约 17.8 分钟）它将变为负数。

注意 pyb.stop()函数会影响计数值。

- pyb.elapsed_millis(start)

返回从时间 start 到现在时刻的毫秒值。这个函数考虑到计数器计数时的回绕问题，因此返回值总是正整数，这也意味着它最长可以测量 12.4 天。

例程：

```
start = pyb.millis()
while pyb.elapsed_millis(start) < 1000:
    # 执行其他功能
```

- pyb.elapsed_micros(start)

返回从 start 时刻到现在的时间(微秒)。这个函数考虑到计数器的回绕问题，因此返回值总是正数。它可以测量最长 17.8 分钟。

例程：

```
start = pyb.micros()
while pyb.elapsed_micros(start) < 1000:
    # 执行其他功能
    pass
```

7.2 复位功能

- pyb.hard_reset()

复位系统，和按下复位键的效果相同。

- pyb.bootloader()

直接进入 bootloader 模式（通常是为了升级固件），无须将 BOOT0 引脚连接到 VCC（进入 bootloader 模式后，通常可以使用 dfu 工具升级）。

● pyb.fault_debug(value)

允许或者禁止硬件故障调试。硬件故障指系统底层发生的严重错误，如无效内存访问。如果 value 是 False，那么在发生硬件故障后将自动复位。如果 value 是 True，那么在发生故障时将打印跟踪的寄存器和堆栈，然后闪烁 LED。

默认参数为禁用，也就是发生故障时将自动复位。

7.3　中断相关函数

● pyb.disable_irq()

禁止系统中断，返回调用前 IRQ 的状态：False/True 代表禁止/允许中断功能。返回值可以作为 enable_irq()函数的参数，用来恢复以前的中断状态。

● pyb.enable_irq(state=True)

允许中断请求。如果 state 是 True（默认值），IRQs 将允许，否则将禁止 IRQs 请求。这个函数最常用的方式是将 disable_irq()函数的返回值作为参数，在退出临界状态时恢复之前的中断状态。

7.4　功耗管理

● pyb.freq([sysclk [, hclk [, pclk1 [, pclk2]]]])

无参数时，返回当前时钟频率，包括 sysclk，hclk，pclk1，pclk2。这些参数对应如下。

◆ sysclk：CPU 时钟频率；

◆ hclk：AHB、内存和 DMA 总线频率；

◆ pclk1：APB1 总线频率；

◆ pclk2：APB2 总线频率。

如果指定了参数，将设置 CPU 的频率。频率单位是 Hz，如 freq(120000000) 将设置 sysclk（CPU 频率）到 120MHz。注意并非任何参数都能使用，频率也不能超出允许的最大值。支持的时钟频率有（MHz）8，16，24，30，32，36，40，42，48，54，56，60，64，72，84，96，108，120，144，168 等。最大的 hclk 是 168MHz，pclk1 是 42MHz，pclk2 是 84MHz。频率设置不要超过这个范围。

hclk、pclk1 和 pclk2 频率由系统时钟分频而来，hclk 支持的分频比是 1，2，4，8，16，64，128，256，512。pclk1 和 pclk2 支持的分频比是 1，2，4，8。

sysclk 在 8MHz 时直接使用 HSE（外部振荡器），在 16MHz 时直接使用 HIS（内部振荡器）。高于这个频率时使用 HSE 驱动 PLL（锁相环）输出。

注意改变时钟频率时如果通过 USB 连接到计算机，将使 USB 变为不可用。因此最好在 boot.py 中改变时钟，这时 USB 外设还没有启用。此外当系统时钟低于 36MHz 时 USB 功能将不能使用。

- pyb.wfi()

等待内部或外部中断。它将执行 wfi 指令以降低功耗，直到发生任何中断（内部或外部），然后继续运行。注意 system-tick 中断每毫秒发生一次（1000Hz），因此它阻塞最多。

- pyb.stop()

进入“sleeping”（睡眠）状态，可以降低功耗到 500μA。从睡眠模式唤醒，可以通过外部中断或者实时时钟事件，唤醒后从睡眠的位置继续运行。

参考 rtc.wakeup()函数配置实时时钟唤醒事件。

- pyb.standby()

进入“deep sleep”（深度睡眠）状态，功耗将低于 50μA。从深度睡眠模式唤醒需要实时时钟事件，或 X1 引脚（PA0=WKUP）以及 X18 引脚（PC13=TAMP1）上的外部中断。唤醒后将执行系统复位。

查看 rtc.wakeup()配置实时时钟唤醒事件。

7.5 其他函数

- pyb.have_cdc()

如果连接了 USB，并作为虚拟串口设备，函数将返回 True，否则返回 False。

注意：这个函数已经废弃，只是为了兼容旧的程序而保留，以后请使用 pyb.USB_VCP().isconnected()函数代替它。

- pyb.hid((buttons, x, y, z))

将 4 参数元组（或列表）发送到 USB 主机（PC），作为 HID 鼠标移动事件。

注意：这个函数已经废弃，只是为了兼容旧的程序而保留，以后请使用

pyb.USB_HID().send(...)函数代替它。

- pyb.info([dump_alloc_table])

打印板子的信息。如：

```
>>> pyb.info()
ID=41005400:12513532:38333132
S=168000000
H=168000000
P1=42000000
P2=84000000
_etext=8071eb0
_sidata=8071eb0
_sdata=20000000
_edata=2000018c
_sbss=2000018c
_ebss=200034dc
_estack=20020000
_ram_start=20000000
_heap_start=200034dc
_heap_end=2001c000
_ram_end=20020000
qstr:
  n_pool=1
  n_qstr=2
  n_str_data_bytes=18
  n_total_bytes=1106
GC:
  98816 total
  3472 : 95344
  1=46 2=15 m=68
LFS free: 91136 bytes
>>>
```

● pyb.main(filename)

设置在 boot.py 运行后启动的 main 脚本的文件名，如果没有调用这个函数设置主程序，将执行默认的主程序文件 main.py。

只有在 boot.py 中调用这个函数才有效。

● pyb.mount(device, mountpoint, *, readonly=False, mkfs=False)

加载设备，并作为文件系统的一部分。设备必须支持下面的协议：

◆ readblocks(self, blocknum, buf)；

◆ writeblocks(self, blocknum, buf) (optional)；

◆ count(self)；

◆ sync(self) (optional)。

readblocks 和 writeblocks 需要在 buf 和设备之间复制数据。buf 是 512 倍数的 bytearray。如果没有定义 writeblocks，那么设备将加载为只读模式，两个函数的返回值被忽略。

count 返回 device 的块数量，而 sync 可以同步数据到设备。

mountpoint 是文件系统的加载点，它在文件系统的 root 目录下，必须以右斜杠开头。

如果 readonly 是 True，设备会加载为只读模式，否则加载为读写模式。

如果 mkfs 是 True，当文件系统不存在时将自动创建新的文件系统。

卸载设备时，将 None 作为 device 的参数和 mountpoint 的参数。

● pyb.repl_uart(uart)

获取 REPL 使用的串口。

● pyb.rng()

返回 30 比特的随机数，它由 RNG 硬件产生（注如果没有硬件 RNG 模块，这个函数将不可用，但是可以使用 os.urandom()函数代替）。

```
>>> pyb.rng()
692024921
>>> pyb.rng()
217322930
>>> bin(pyb.rng())
'0b1010000010111110110100011 10'
```

```
>>> bin(pyb.rng())
'0b110000011001110010000010001000'
>>> bin(pyb.rng())
'0b100110011101001111011000101'
>>> bin(pyb.rng())
'0b100100001111010110110101001001'
>>>
```

● pyb.sync()

同步所有文件系统的数据。

● pyb.unique_id()

返回 12 字节（96 比特）的 ID 号，这是芯片的唯一序列号。它可以用于加密、身份识别等应用。

● pyb.usb_mode([modestr] , vid=0xf055, pid=0x9801, hid=pyb.hid_mouse)

如果不带参数调用函数，将返回当前 USB 的模式，如：

```
>>> pyb.usb_mode()
'VCP+MSC'
```

如果带有 modestr 参数，将尝试设置 USB 模式，它只能在文件 boot.py 中进行调用。支持下列的 modestr 参数。

◆ None：禁止 USB；

◆ 'VCP'：使用 VCP（虚拟串口）功能；

◆ 'VCP+MSC'：使用 VCP 和 MSC（大容量储存设备）；

◆ 'VCP+HID'：使用 VCP 和 HID（人机接口设备）。

为了向后兼容，'CDC' 被看作 'VCP'（也就是可以写成 'CDC+MSC' 和 'CDC+HID'）。

vid 和 pid 参数用来指定 VID（厂商 id）和 PID（产品 id）。

如果启用 HID 功能，那么可以通过传递 HID 关键字参数来指定 HID 详细的信息。它以元组方式（子类、协议、最大包长度、轮询间隔、报告描述符），默认情况下它会设置 USB 鼠标的参数。还有一个 pyb.hid_keyboard 常数，这是一个可以用在 USB 键盘的元组。

7.6 类

7.6.1 加速度传感器（Accel）

Accel 可以控制加速度传感器。例如：

```
accel = pyb.Accel()
for i in range(10):
print(accel.x(), accel.y(), accel.z())
```

原始数据的范围是-32 到 31。

构造函数为

class pyb.Accel

创建并返回加速度对象。

7.6.2 方法

- Accel.filtered_xyz()

获取滤波后的 3 轴（x y z）的 3 元组参数。

这个函数将返回缓冲区中最后三次的采样结果再加上当前数据，一共累加 4 次的采样结果，因此返回值的大小也是原始数据的 4 倍。注意这个函数的缓冲区并不是实时更新的，而是在调用函数时才将当前数据保存到缓冲区，因此它的结果并不一定反映出真实状态（需要连续 4 次调用才能保证数据被真正更新）。

- Accel.tilt()

读取倾斜寄存器。

- Accel.x()
- Accel.y()
- Accel.z()

读取 x/y/z 轴的数据。

- Accel.read(reg)
- Accel.write(reg)

直接读写加速度传感器的寄存器，寄存器的含义请参考 MMA7660FC 的数据手册。在系统提供的 Accel 方法不能满足要求时，可以通过直接访问底层寄存器来实现特殊功能。

硬件说明：加速度传感器使用了硬件的 I2C1 接口（pyboard 的引脚 X9 和 X10，也就是 MCU 的 PB6 和 PB7）进行通信，因此在使用加速度计功能时，这两个 GPIO 不能用于其他功能（这两个 GPIO 还包含了 UART 1、Timer 4 的通道 1 和 2 等功能）。

7.6.3　例程

```
>>> acc=pyb.Accel()
>>> acc.filtered_xyz()
(-9, -13, 8)
>>> acc.x()
-10
>>> acc.x();acc.y();acc.z()
-9
-12
6
>>> acc.tilt()
9
>>> acc.read(0)
55
```

7.7　ADC

在前面介绍 pyboard 功能时，已经介绍了部分 ADC 的功能，这里进一步介绍 ADC 的用法。

7.7.1　构造函数

class pyb.ADC(pin)

创建 ADC 对象，并关联到指定引脚。

7.7.2 方法

● ADC.read()

读取引脚上的模拟输入，返回值范围是 0~4095（ADC 是 12 位精度）。

```
>>> adc = pyb.ADC(pyb.Pin('A0'))
>>> adc.read()
1244
```

● ADC.read_timed(buf, timer)

利用定时器周期读取模拟输入到缓冲区，*buf* 可以是 bytearray 或 array.array 类型。因为 ADC 数据最高是 12 位精度，如果 *buf* 的元素类型是 16 位或更高，ADC 的数据可以直接存放；如果 *buf* 是 8 位的（如 bytearray）那么采样精度将降低到 8 位。函数读取数据的数量是缓冲区的长度。

timer 是定时器对象，当定时器被触发时，将自动读取 ADC 的数据。定时器需要预先初始化，并设置好采样周期（定时器频率）。为了兼容这个函数的旧版本，定时器参数也可以设定为代表频率的整数，这时会自动使用定时器 6。

```
# 创建 ADC 对象，采样 PA0 上电压
>>> adc = pyb.ADC(pyb.Pin('A0'))
# 创建 bytearray 缓冲区
>>> buf1 = bytearray(10)
# 读取数据，读取频率是 10Hz
>>> adc.read_timed(buf1, 10)
10
>>> buf1
bytearray(b'\x02\x03\x03\x03\x03\x03\x03\x03\x03\x03')

import array
# 创建 array 类型缓冲区
>>> buf2 = array.array('i',[0*10])
>>> buf2
array('i', [0])
```

```
>>> buf2 = array.array('i',[0]*10)
# 创建定时器对象，频率是 100Hz
>>> tmr = pyb.Timer(1, freq = 100)
>>> adc.read_timed(buf2, tmr)
40
>>> buf2
array('i', [1237, 1139, 928, 810, 715, 726, 703, 722, 688, 696])
```

注意 ADC.read_timed()函数是阻塞式的，需要等待采样完成才会返回。在采样过程中，函数不会分配额外内存。

7.7.3 ADCAll

ADCAll 对象（注意拼写中 ADC 是大写，all 中 A 也是大写）使用了不同的方式，它可以改变模拟输入，使用上更加灵活。使用 ADCAll 可以读取 MCU 内部的温度、基准电压、VBAT 电压（它们对应着 ADC 的通道 16，17 和 18）。因为内部的温度传感器绝对精度较差，所以它只适合检测温度的变化。

pyb.ADCAll(precision)

定义 ADCAll 对象，precision 代表 ADC 转换的精度，它可以是 6，8，10，12。

ADCAll 的 read_core_vbat()和 read_core_vref()方法可以分别读取后备电池电压和内部基准电压（通常是 1.21V），使用系统的 3.3V 作为参考电压。假设 ADCAll 对象定义已经定义为

```
adc = pyb.ADCAll(12)
```

那么 3.3V 电压可以通过下面公式计算：

```
v33 = 3.3 * 1.21 / adc.read_core_vref()
```

如果 3.3V 是正常的，说明 adc.read_core_vbat()的数值是有效的。如果系统电压低于 3.3V，例如使用 3V 电池供电，这时稳压器将不能提供 3.3V。为了得到正确的 VBAT 电压，可以通过 adc.read_core_vref 进行校正：

```
vback = adc.read_core_vbat() * 1.21 / adc.read_core_vref()
```

如果要计算系统电压，可以通过 adc.read_channel()去校正系统电压：

```
VCC = 1.21 * 4096 / adc.read_channel(17)
```

也可以不通过 ADCAll 去读取 ADC，这时需要通过 stm 库访问内部寄存器：

```
def adcread(chan): # 16 temp 17 vbat 18 vref
    assert chan >= 16 and chan <= 18, 'Invalid ADC channel'
    start = pyb.millis()
    timeout = 100
    stm.mem32[stm.RCC + stm.RCC_APB2ENR] |= 0x100 # 允许 ADC1 时钟.
0x4100
    stm.mem32[stm.ADC1 + stm.ADC_CR2] = 1 # 打开 ADC
    stm.mem32[stm.ADC1 + stm.ADC_CR1] = 0 # 12 位精度
    if chan == 17:
        stm.mem32[stm.ADC1 + stm.ADC_SMPR1] = 0x200000 # 15 cycles
        stm.mem32[stm.ADC + 4] = 1 << 23
    elif chan == 18:
        stm.mem32[stm.ADC1 + stm.ADC_SMPR1] = 0x1000000
        stm.mem32[stm.ADC + 4] = 0xc00000
    else:
        stm.mem32[stm.ADC1 + stm.ADC_SMPR1] = 0x40000
        stm.mem32[stm.ADC + 4] = 1 << 23
    stm.mem32[stm.ADC1 + stm.ADC_SQR3] = chan
    stm.mem32[stm.ADC1 + stm.ADC_CR2] = 1 | (1 << 30) | (1 << 10)
# 开始转换
    while not stm.mem32[stm.ADC1 + stm.ADC_SR] & 2: # 等待 EOC
        if pyb.elapsed_millis(start) > timeout:
            raise OSError('ADC timout')
    data = stm.mem32[stm.ADC1 + stm.ADC_DR] # 读取转换结果
    stm.mem32[stm.ADC1 + stm.ADC_CR2] = 0 # 关闭 ADC
    return data

def v33():
    return 4096 * 1.21 / adcread(17)
```

```
def vbat():
    return 1.21 * 2 * adcread(18) / adcread(17) # 2:1 Vbat 通道

def vref():
    return 3.3 * adcread(17) / 4096

def temperature():
    return 25 + 400 * (3.3 * adcread(16) / 4096 - 0.76)
```

7.8 数模转换（DAC）

DAC 可以在引脚 X5 和 X6（PA4 和 PA5）上输出模拟电压，输出的电压范围为 0～3.3V。

7.8.1 构造函数

class pyb.DAC(port, bits=8)

创建新的 DAC 对象。

port 可以是 pin 对象，或者是整数（1 或 2）。DAC(1)位于 X5（或 PA4），DAC(2)位于 X6（PA5）。

bits 代表输出精度，它可以是 8 或 12。DAC 最大输出参数是 $2^{bits}-1$。

7.8.2 方法

- DAC.init(bits=8)

初始化 DAC，bits 可以是 8 或 12。

- DAC.deinit()

释放 DAC 对象，释放后对应的 GPIO 可以用于其他功能。

- DAC.noise(freq)

产生指定频率的伪随机噪声信号。

● DAC.triangle(freq)

产生三角波信号。DAC 输出频率是 freq。

● DAC.write(value)

直接设置 DAC 输出。value 最小值是 0，最大值是 $2^{bits}-1$，这里 bits 是 DAC 初始化时设置的精度。

● DAC.write_timed(data, freq, *, mode=DAC.NORMAL)

设置用于 DMA 方式传输时的缓存，在 8 比特方式时输入数据被看作字节数组，在 12 比特方式时数据看作无符号整数（数组类型码是'H'）。

freq 可以是代表频率的整数，这时自动使用定时器（6）。或者使用已经初始化的定时器对象。有效的定时器是 2，4，5，6，7 和 8。

mode 可以是 DAC.NORMAL（输出一次）或 DAC.CIRCULAR（循环输出）。

同时驱动两路 DAC 的例子：

```
dac1 = DAC(1)
dac2 = DAC(2)
dac1.write_timed(buf1, pyb.Timer(6, freq=100), mode=DAC.CIRCULAR)
dac2.write_timed(buf2, pyb.Timer(7, freq=200), mode=DAC.CIRCULAR)
```

7.9 三线舵机驱动（servo）

舵机是机器人中最常用的元件之一。在 MicroPython 中，可以通过 servo 模块直接驱动标准三线方式（地、电源、信号）的伺服舵机。在 pyboard 上，最多可以同时控制 4 路舵机，它们对应的引脚是 X1～X4，也就是 PA0～PA3，对应于 Timer5 的 CH1～CH4。

使用举例：

```
import pyb
s1 = pyb.Servo(1)    # 使用 X1 控制舵机 1
s2 = pyb.Servo(2)    # 使用 X2 控制舵机 2
s1.angle(45)         # 舵机 1 转到 45 度
s2.angle(0)          # 舵机 2 转到 0 度
```

```
# 同步转动两个舵机，用时 1500 毫秒
s1.angle(-60, 1500)
s2.angle(30, 1500)
```

7.9.1 构造函数

- class pyb.Servo(id)

创建舵机对象，id 范围是 1～4，对应 pyboard 的 X1～X4（PA0～PA3）。

7.9.2 方法

（1）Servo.angle([angle, time=0])

如果没有指定参数，将返回当前的角度。如果给定参数，将设置舵机的旋转角度。

- angle，代表旋转到的位置（角度）
- time，旋转消耗的时间（速度）。如果不指定这个参数，舵机将用最快的速度旋转。

（2）Servo.speed([speed, time=0])

读取或设置旋转速度。带有参数时是设置，否则是读取。

- speed，速度，范围是从-100 到 100。
- time，达到指定速度用去的时间，如果没有指定这个参数，舵机将用最快速度进行加速。

（3）Servo.pulse_width([value])

如果没有指定参数，将返回当前的原始脉宽参数。否则，将设置新的脉宽参数。

（4）Servo.calibration([pulse_min, pulse_max, pulse_centre [, pulse_angle_90, pulse_speed_100]])

如果没有指定参数，将返回当前的校正数据，它是一个 5 参数的元组。否则就是设置新的校正数据：

- pulse_min，最小允许脉宽。
- pulse_max，最大允许脉宽。

- pulse_centre，脉宽对应中心/零点位置。
- pulse_angle_90，对应 90 度的脉宽。
- pulse_speed_100，对应速度是 100 时的脉宽。

7.10 pyb 和 machine 的区别

大家可能已经注意到了，machine 模块的很多子模块和 pyb 是相同或类似的，但是一些函数定义、函数的参数和用法又不完全相同。这是为什么呢？为什么要设置这样的两个模块呢？

pyb 模块主要是针对 STM32 控制器和 pyboard 开发板，可以很好地发挥 STM32 控制器的性能和特点，但是没有考虑太多兼容性和程序移植的问题。而 machine 库更接近底层，是面向底层的通用库，在大部分控制器上的使用方法都是类似的。MicroPython 可以运行在很多不同的硬件平台上，使用 machine 模块可以更好地实现控制硬件底层，也能够让程序更容易兼容不同的硬件平台。换句话说，pyb 是 STM32 和 pyboard 专有的模块，而 machine 是通用模块。

从通用性角度来看，在可能的情况下，我们应当尽量让程序有较好的可移植性，应该多使用 machine。

Chapter 8

第 8 章 ESP8266

ESP8266 具有极高的性价比、不错的性能、支持 WiFi、大容量的 Flash、支持多种开发方式等特点，在 DIY、创客、网络通信、物联网等方面有着广泛应用，在全世界范围都有非常多的用户。

ESP8266 也是 MicroPython 最重要的分支之一。使用 MicroPython，可以非常简单地控制 ESP8266 的大部分功能，可以驱动控制传感器、LED、液晶，甚至还可以控制无人机、小车、机器人。ESP8266 版的 MicroPython 也在 KickStarter 上成功众筹，如图 8.1 所示。参见网址 https://www.kickstarter.com/projects/214379695/micropython-on-the-esp8266-beautifully-easy-iot。

官方文档是以 Adafruit Feather HUZZAH board 开发板（参见图 8.2）为例讲解的，但是也适合大部分其他的 ESP8266 开发板，因为很多 ESP8266 开发板都直接使用了 ESP-12 模块。

图 8.1　ESP8266 版 MicroPython 众筹

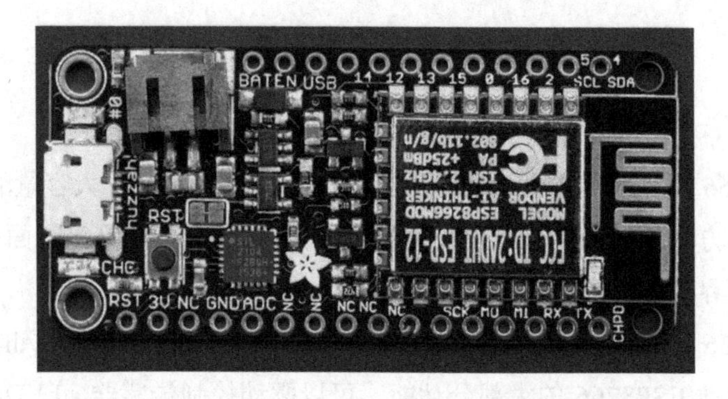

图 8.2　Adafruit Feather HUZZAH board 开发板

8.1　快速指南

和 pyboard 一样，我们先通过快速指南，让大家对在 ESP8266 上使用 MicroPython 有一个初步认识，还可以比较 ESP8266 上 MicroPython 和 pyboard 上 MicroPython 用法的区别。

1．通用控制

```
import machine
machine.freq()                          # 获取 CPU 频率
```

```
machine.freq(160000000)         # 设置 CPU 频率为 160 MHz

import esp
esp.osdebug(None)               # 关闭调试消息
esp.osdebug(0)                  # 打印调试消息到 UART(0)
```

2. 网络

使用 network 模块：

```
import network
wlan = network.WLAN(network.STA_IF)      # 创建网络接口
wlan.active(True)                        # 允许网络接口
wlan.scan()                              # 扫描热点
wlan.isconnected()                       # 检查是否连接到热点
wlan.connect('essid', 'password')        # 连接到热点，参数需要根据实
际设置
wlan.config('mac')                       # 获取 MAC 地址
wlan.ifconfig()                          # 获取 IP/netmask/gw/DNS
地址

ap = network.WLAN(network.AP_IF)         # 创建热点接口
ap.active(True)                          # 允许热点接口
ap.config(essid='ESP-AP')                # 设置 ESSID
```

连接 WiFi 网络的函数：

```
def do_connect():
    import network
    wlan = network.WLAN(network.STA_IF)
    wlan.active(True)
    if not wlan.isconnected():
        print('connecting to network...')
        wlan.connect('essid', 'password')
            while not wlan.isconnected():
```

```
            pass
        print('network config:', wlan.ifconfig())
```

一旦建立连接，就可以用 socket 模块进行 TCP/UDP 通信。

3. 延时

```
import time
time.sleep(1)                         # 延时 1 秒
time.sleep_ms(500)                    # 延时 500 毫秒
time.sleep_us(10)                     # 延时 10 微秒
start = time.ticks_ms()               # 读取毫秒计数器
delta = time.ticks_diff(time.ticks_ms(), start)    # 计算耗时
```

4. 定时器

```
from machine import Timer
tim = Timer(-1)
tim.init(period=5000,   mode=Timer.ONE_SHOT,   callback=lambda
t:print(1))
tim.init(period=2000,   mode=Timer.PERIODIC,   callback=lambda
t:print(2))
```

注：ESP8266 使用了软件定时器方式，所以定时器的 id 是-1。

5. GPIO

```
from machine import Pin
p0 = Pin(0, Pin.OUT)    # GPIO0 作为输出
p0.on()                 # 输出高电平
p0.off()                # 输出低电平
p0.value(1)             # 输出高电平
p2 = Pin(2, Pin.IN)     # GPIO2 作为输入
print(p2.value())       # 打印 p2 的输入电平
p4 = Pin(4, Pin.IN, Pin.PULL_UP)   # GPIO4 作为输入，并允许内部上拉
电阻
p5 = Pin(5, Pin.OUT, value=1)      # GPIO 作为输出并输出高电平
```

ESP8266 上，用户只能控制这些 GPIO：0，1，2，3，4，5，12，13，14，

15，16。其中 Pin(1)和 Pin(3)是 REPL 的串口 TX/RX 信号；Pin(16)可以用于从深度休眠中唤醒，它不能用于控制 Neopixel；此外在很多 ESP8266 模块上，GPIO2 兼作 LED 指示。

6. PWM

除了 Pin(16)外，其他 GPIO 都可以作为 PWM 输出。所有的通道共用一个输出频率，范围在 1～1000Hz，占空比的范围是 0～1023。

```
from machine import Pin, PWM
pwm0 = PWM(Pin(0))        # Pin0 作为 PWM 输出
pwm0.freq()               # 获取输出频率
pwm0.freq(1000)           # 设置输出频率
pwm0.duty()               # 读取占空比
pwm0.duty(200)            # 设置输出占空比
pwm0.deinit()             # 关闭 PWM 功能
pwm2 = PWM(Pin(2), freq=500, duty=512) # 创建并设置 PWM 对象
```

7. ADC

在 ESP8266 上，ADC 使用了专用的引脚（只有 1 路），不和其他 GPIO 共用。和 STM32 上不同，它的输入电压范围是 0～1.0V。

```
from machine import ADC
adc = ADC(0)              # 创建 ADC 对象
adc.read()                # 读取 ADC 结果，范围是 0～1023
```

8. 软件 SPI

ESP8266 上有两个 SPI 驱动，一个是软件 SPI，可以使用任何 GPIO；另外一个是硬件 SPI，只能使用固定的 GPIO。先看软件 SPI 的用法：

```
from machine import Pin, SPI

# 使用指定引脚创建 SPI
# polarity 是空闲状态 SCK 的电平
# phase=0 代表第一个 SCK 采样，phase=1 代表第二个 SCK 采样
```

```
    spi = SPI(-1, baudrate=100000, polarity=1, phase=0, sck=Pin(0),
mosi=Pin(2), miso=Pin(4))
    spi.init(baudrate=200000)   # 设置波特率
    spi.read(10)                # 从MISO读取10个字节
    spi.read(10, 0xff)          # 读取10个字节同时写入0xff
    buf = bytearray(50)         # 创建缓冲区
    spi.readinto(buf)           # 读取到缓冲区（读取50个字节）
    spi.readinto(buf, 0xff)     # 读取到缓冲区同时写入0xff
    spi.write(b'12345')         # 写入5个字节到MOSI
    buf = bytearray(4)          # 创建缓冲区
    spi.write_readinto(b'1234', buf)    #写入数据同时读取到缓冲区buf
    spi.write_readinto(buf, buf)        # 写入数据同时读取数据，使用相同的
缓冲区
```

9．硬件 SPI

和软件 SPI 接口相比，硬件 SPI 的速度更快（最高可达 80MHz）。ESP8266 有两个硬件 SPI 接口，SPI0 用于内部的 flash 芯片，用户只能控制 SPI1。ESP8266 的 SPI 定义如表 8.1 所示。

表 8.1 ESP8266 的 SPI 定义

MOSI	GPIO13
MISO	GPIO12
SCK	GPIO14

它的基本定义方法是：

```
from machine import Pin, SPI

hspi = SPI(1, baudrate=80000000, polarity=0, phase=0)
```

定义后，它和软件 SPI 的用法就没有什么区别了。

10．I2C

在 ESP8266 上，I2C 可以使用任意 GPIO（因为是软件 I2C 方式）。

```
from machine import Pin, I2C

# 创建 IC 对象
i2c = I2C(scl=Pin(5), sda=Pin(4), freq=100000)
i2c.readfrom(0x3a, 4)          # 从地址 0x3A 设备中读取 4 字节
i2c.writeto(0x3a, '12')        # 写入'12'到设备 0x3a
buf = bytearray(10)            # 创建缓冲区
i2c.writeto(0x3a, buf)         # 将缓冲区数据写入设备
```

11. 深度休眠

深度休眠模式下，可以利用 RTC 进行唤醒。RTC 通过 GPIO16 输出信号，需要将 GPIO16 连接到 RESET 引脚，用来唤醒设备。唤醒后程序从最开始重新运行，需要通过标志位进行判断是正常加电运行还是唤醒。

```
import machine

# 配置 RTC.ALARM0 唤醒设备
rtc = machine.RTC()
rtc.irq(trigger=rtc.ALARM0, wake=machine.DEEPSLEEP)

# 检查设备是否从深度休眠唤醒
if machine.reset_cause() == machine.DEEPSLEEP_RESET:
    print('woke from a deep sleep')

# 设置 RTC.ALARM0 10 秒后输出（唤醒设备）
rtc.alarm(rtc.ALARM0, 10000)

# 进入深度休眠
machine.deepsleep()
```

12. OneWire（单总线）

基本用法：

```
from machine import Pin
import onewire

ow = onewire.OneWire(Pin(12))   # 在 GPIO12 上创建 OneWire 对象
ow.scan()                       # 扫描总线上设备
ow.reset()                      # 复位总线上设备
ow.readbyte()                   # 读取一个字节
ow.writebyte(0x12)              # 写入一个字节
ow.write('123')                 # 写入多个字节
ow.select_rom(b'12345678')      # 选择指定 ROM 地址的设备

使用 DS18B20/DS18S20 温度传感器

import time, ds18x20

ds = ds18x20.DS18X20(ow)
roms = ds.scan()
ds.convert_temp()
time.sleep_ms(750)
for rom in roms:
    print(ds.read_temp(rom))
```

注：需要在 DATA 和 VCC 之间并联一个 4.7kΩ电阻。

13. 驱动 NeoPixel 彩灯

NeoPixel 是使用了 WS2812 集成控制器的全彩色 LED。

```
from machine import Pin
from neopixel import NeoPixel
pin = Pin(0, Pin.OUT)          # 设置 GPIO0 控制 NeoPixels
np = NeoPixel(pin, 8)          # 创建 NeoPixel 对象，驱动 8 个彩灯
np[0] = (255, 255, 255)        # 设置第一个彩灯
np.write()                     # 写入数据，更新彩灯
```

```
r, g, b = np[0]                # 读取第一个 pixel 颜色
```

底层直接控制：

```
import esp
esp.neopixel_write(pin, grb_buf, is800khz)
```

14. 驱动 APA102

APA102 是另外一种型号的彩灯，需要使用两个信号进行控制。

```
from machine import Pin
from apa102 import APA102
clock = Pin(14, Pin.OUT)          # 设置 GPIO14 作为时钟
data = Pin(13, Pin.OUT)           # 设置 GPIO13 作为数据
apa = APA102(clock, data, 8)      # 创建 APA102 对象，驱动 8 个彩灯
apa[0] = (255, 255, 255, 31)      # 设置第一个彩灯颜色和亮度
apa.write()                       # 更新彩灯
r, g, b, brightness = apa[0]      # 读取第一个彩灯颜色
```

底层直接控制：

```
import esp
esp.apa102_write(clock_pin, data_pin, rgbi_buf)
```

15. DHT 驱动

驱动 DHT11/DHT22 温湿度传感器：

```
import dht
import machine

d = dht.DHT11(machine.Pin(4))
d.measure()
d.temperature()             # eg. 23 (° C)
d.humidity()                # eg. 41 (% RH)

d = dht.DHT22(machine.Pin(4))
```

```
d.measure()
d.temperature()          # eg. 23.6 (° C)
d.humidity()             # eg. 41.3 (% RH)
```

16. 浏览器交互提示

WebREPL（REPL over WebSockets，通过浏览器访问 REPL）是 ESP8266 版本的一个特殊功能，通过 WebREPL，我们可以在浏览器中输入命令，调试程序，就像通过串口终端一样（使用 WebREPL 需要先进行配置，后面将详细介绍）。

```
import webrepl
webrepl.start()
```

8.2 ESP8266 专用模块 esp

在 pyboard 上有专用库 pyb，而在 ESP8266 上，同样也有一个专用库 esp。它的功能和 pyb 类似，实现了和 ESP8266 相关的许多特定功能，当然这些功能也只能用在 ESP8266 上，不能用在 pyboard 上。

函数如下：

- esp.sleep_type([sleep_type])

获取或者设置休眠方式。如果指定了 sleep_type 参数，将设置休眠方式；否则就是读取当前的休眠方式。

支持的休眠方式有：

- ◆ SLEEP_NONE，不休眠。
- ◆ SLEEP_MODEM，休眠调制解调部分电路，关闭 WiFi 部分的功能。
- ◆ SLEEP_LIGHT，轻度休眠，关闭 WiFi 功能，周期关闭处理器。

在可能情况下，系统将自动进入休眠模式。

- esp.deepsleep(time=0)

进入深度休眠。除了 RTC 时钟保持工作外，系统的大部分外设将进入掉电休眠模式，因此可以使用 RTC 唤醒系统。只要将 pin16 连接到 RESET 引脚上就可以通过 RTC 复位方式唤醒，否则系统只能通过手工方式复位。

time 代表休眠的时间。

- esp.flash_id()

读取设备 flash 存储器的 ID 号。

- esp.flash_read(byte_offset, length_or_buffer)
- esp.flash_write(byte_offset, bytes)
- esp.flash_erase(sector_no)

读写 flash 存储器的内容。

- esp.set_native_code_location(start, length)

设置本地代码在编译后的位置。本地代码可以将函数@micropython.native、@micropython.viper 和@micropython.asm_xtensa 应用到一个函数中，ESP8266 必须在 iRAM 或 Flash 中低于 1MB 空间（可以被内存映射），这个函数可以控制位置。

如果 start 和 length 都设置为 None，那么本地代码位置将设置到 iRAM1 区未使用内存的最后。未使用部分大小和固件有关，通常很小（大约 500 字节），但它足够存储一些小函数。使用 iRAM1 区的优点是写入不会像 flash 那样产生损耗。

如果 start 和 length 都不是 None，那么它们会是一个整数。start 指定从 flash 开始的偏移量，length 指定从 start 开始的长度。start 和 length 需要是扇区大小（4096 字节）的整数倍。在写入前，flash 会被自动擦除，因此需要确保这个区域没有做其他用途，如固件或文件系统。

当使用 flash 存放本地代码时 start 加上 length 必须不大于 1MB。注意反复擦除或者写入 flash 会对它产生损耗，因此要非常谨慎地使用这个功能。特别是本地代码每次启动时（包括从深度休眠中唤醒）需要重新编译和写入 flash。

在上面两种情况下，在使用 iRAM1 或 flash 时，如果在指定区域没有剩余空间，将引发 MemoryError 异常。

- esp.check_fw()

检测固件的完整性，可以通过这个函数检测固件本身是否存在问题，升级是否成功。例如，正常情况下检查结果如下：

```
>>> import esp
>>> esp.check_fw()
size: 576880
md5: 7ea9acbd947a1285a98c5830911c9d5d
```

```
True
```

有错误时返回 False。

● esp.info()

显示系统信息。如：

```
>>> esp.info()
_text_start=40100000
_text_end=401079f8
_irom0_text_start=40209000
_irom0_text_end=4028cd70
_data_start=3ffe8000
_data_end=3ffe8438
_rodata_start=3ffe8440
_rodata_end=3ffe90f0
_bss_start=3ffe90f0
_bss_end=3fff8c50
_heap_start=3fff8c50
_heap_end=3fffc000
qstr:
  n_pool=1
  n_qstr=19
  n_str_data_bytes=186
  n_total_bytes=1834
GC:
  36288 total
  9008 : 27280
  1=84 2=14 m=264
```

● esp.meminfo()

显示内存信息，如：

```
>>> esp.meminfo()
data  : 0x3ffe8000 ~ 0x3ffe8438, len: 1080
rodata: 0x3ffe8440 ~ 0x3ffe90f0, len: 3248
```

```
bss   : 0x3ffe90f0 ~ 0x3fff8c50, len: 64352
heap  : 0x3fff8c50 ~ 0x3fffc000, len: 13232
```

8.3　MicroPython 标准模块和 machine 模块

ESP8266 的 MicroPython 标准模块、machine 模块和 pyboard 的 MicroPython、machine 模块内容基本是一样的，使用方法也相同，只是个别函数的参数和返回值有些不同。因此这里就不再重复了，大家可以直接参考前面的相关章节。

8.4　网络配置（network）

这个模块提供了网络驱动和程序配置功能。和 pyboard 的 network 模块不同，ESP8266 的网络模块主要针对 WiFi，可以方便地配置各种网络参数，将 ESP8266 设置为主机或客户端。一旦完成网络配置并连接网络后，就可以通过 socket 进行网络通信了。

使用举例：

```
# 配置网络接口
# 网络驱动参考后面
import network
nic = network.Driver(...)
print(nic.ifconfig())

# 使用 socket
import socket
addr = socket.getaddrinfo('micropython.org', 80)[0][-1]
s = socket.socket()
s.connect(addr)
s.send(b'GET / HTTP/1.1\r\nHost: micropython.org\r\n\r\n')
data = s.recv(1000)
s.close()
```

8.4.1 函数

- network.phy_mode([mode])

读取或设置 PHY 模式。

如果指定了 mode 参数，将进行设置，否则就是读取模式。

支持的模式有:

- ◆ MODE_11B-IEEE 802.11b,
- ◆ MODE_11G-IEEE 802.11g,
- ◆ MODE_11N-IEEE 802.11n.

8.4.2 class WLAN

这个类提供了 ESP8266 的 WiFi 网络驱动，是很多网络功能的基础。使用举例：

```
import network

# 使用普通方式并连接到 WiFi 热点
nic = network.WLAN(network.STA_IF)
nic.active(True)
nic.connect('SSID', 'password')

# 下面可以正常使用 sockets 功能了（省略）
```

8.4.3 构造函数

- class network.WLAN(interface_id)

创建 WLAN 网络接口对象。支持的接口有 network.STA_IF（普通客户端方式，连接到 WiFi 热点）和 network.AP_IF（AP 热点模式，可以作为服务器让其他 WiFi 客户端连接），下面的方法与接口类型有关。例如，只有 STA 接口才可以使用 connect()方法连接到热点。

8.4.4　方法

- wlan.active([is_active])

如果提供了布尔量参数，将设置激活或禁用网络接口，否则是查询当前的网络接口状态。绝大部分网络功能都需要先激活网络接口才能使用。

- wlan.connect(ssid, password)

使用指定的 ssid 和密码，连接到无线网络。如果可以连接到网络，将显示连接过程和状态，最终将显示 IP 地址、子网掩码和网关。

```
# 下面需要填写实际的 SSID 和连接密码
>>> sta=wlan.connect('SSID', 'password')
>>> scandone
state: 0 -> 2 (b0)
state: 2 -> 3 (0)
state: 3 -> 5 (10)
add 0
aid 8
cnt

connected with XXXXX(XXXX 是实际连接的名称), channel 2
dhcp client start...
ip:192.168.1.14,mask:255.255.255.0,gw:192.168.1.1
```

- wlan.disconnect()

断开网络连接。

- wlan.scan()

扫描当前的无线网络，返回扫描到的可连接热点列表。

扫描只对 STA 方式（客户端）有效，返回值是包括 ssid，bssid，channel，RSSI，authmode，hidden 的 WiFi 热点元组列表。

例如：

```
>>> wlan.scan()
scandone
```

```
[(b'03', b'\xb0\x95\x8ep\xe7)', 1, -85, 4, 0], (b'TP-LINK_702',
b'\xb8\xf8\x83H{/', 1, -93, 4, 0}, (b'TP-LINK_1\xc2\xa5', b'\x14u\x90\
xe0y\xd4', 6, -91, 4, 0)}
```

bssid 是热点的硬件地址，以十六进制方式表述，可以使用 ubinascii.hexlify() 将它转换为 ASCII 形式。

```
>>> import ubinascii
>>> ubinascii.hexlify(b'\xe8\xfc\xaf|\x89\x19')
b'e8fcaf7c8919'
>>>
```

authmode（授权模式）参数有 5 种可能：

- ◆ 0-open（开放式网络，不加密）
- ◆ 1-WEP
- ◆ 2-WPA-PSK
- ◆ 3-WPA2-PSK
- ◆ 4-WPA/WPA2-PSK

hidden 参数可以是：

- ◆ 0-visible
- ◆ 1-hidden

● wlan.status()

返回当前无线连接状态。

可能的状态定义为下列的常数：

- ◆ STAT_IDLE，没有连接
- ◆ STAT_CONNECTING，正在连接
- ◆ STAT_WRONG_PASSWORD，连接失败，密码错误
- ◆ STAT_NO_AP_FOUND，连接失败，热点无返回
- ◆ STAT_CONNECT_FAIL，连接失败，其他原因
- ◆ STAT_GOT_IP，连接成功

● wlan.isconnected()

在 STA 模式下，如果连接到 WiFi 热点并获取了有效的 IP 地址将返回 True；

在 AP 模式下，当有客户端连接时返回 True，其他情况返回 False。

- wlan.ifconfig([(ip, subnet, gateway, dns)])

读取/设置 IP 级别为了接口参数：IP 地址、子网掩码、网关和 DNS 服务器。当不带参数时，将返回 4 参数的元组；带有参数时就是设置网络参数。

例如：

```
nic.ifconfig(('192.168.0.4', '255.255.255.0', '192.168.0.1',
'8.8.8.8'))
```

- wlan.config("param")
- wlan.config(param=value, ...)

读取或设置网络接口参数。除了 IP 配置（通常用 wlan.ifconfig()函数）外，这个方法允许用额外的参数，包括指定网络和指定硬件参数。设置这些参数时，需要使用关键字参数，这样能够一次设置多个参数。查询时，参数名需要当作字符串用引号括起来，并且一次只能查询一个参数。

```
# 设置 WiFi 热点名称（通常是 ESSID）和 WiFi 信道
ap.config(essid='My AP', channel=11)
# 查询参数
print(ap.config('essid'))
print(ap.config('channel'))
```

表 8.2 所示是常见的 config()函数参数说明（某些特定参数依赖于网络、驱动和 MicroPython 移植版本）。

表 8.2　config()函数参数说明

参数	说明
Mac	MAC 地址（字节）
Essid	WiFi 热点名称（字符串）
channel	WiFi 信道（整数）
Hidden	ESSID 是否隐藏（布尔量）
authmode	加密模式（枚举）
password	密码（字符串）

8.4.5 连接网络

前面介绍了网络部分的基本知识和各种基本函数，下面就介绍网络的使用方法。

1. 作为 AP

给 ESP8266 模块通电后，我们就可以在计算机的 WiFi 无线网络中找到一个新的热点，它的名称是 MicroPython-XXXXXX（XXXXXX 是 ESP8266 模块 MAC 地址的最低 3 位，它也用作模块的唯一 ID 号，每个模块都不一样，图 8.3 是 1a3cd2）。

我们可以用下面方法查看 ID 号：

```
>>> import machine
>>> machine.unique_id()
b'\xd2<\x1a\x00'
>>> import ubinascii
>>> ubinascii.hexlify(machine.unique_id())
b'd23c1a00'
>>> import network
>>> ap=network.WLAN(network.AP_IF)
>>> ap.config('mac')
b'^\xcf\x7f\x1a<\xd2'
>>> ubinascii.hexlify(ap.config('mac'))
b'5ecf7f1a3cd2'
```

我们可以用计算机或手机连接到这个热点，它的密码是 MicroPythoN，注意密码的最后一个字母 N 是大写的。

网络连接信息如图 8.4 所示，我们可以看到默认的网关是 192.168.4.1，这个地址可以用于 WeREPL 或其他软件。

前面默认的 SSID 是'MicroPython-XXXXXX'，如果我们希望自定义 SSID，可以用下面方法：

```
ap = network.WLAN(network.AP_IF)
```

```
ap.config(essid = '123456')
```

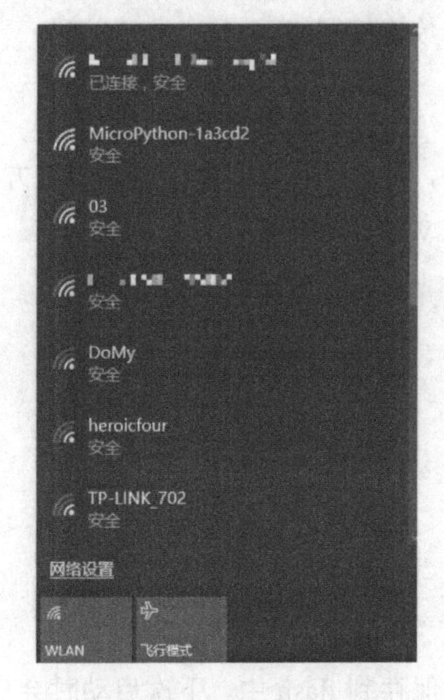

图 8.3　MicroPython 热点

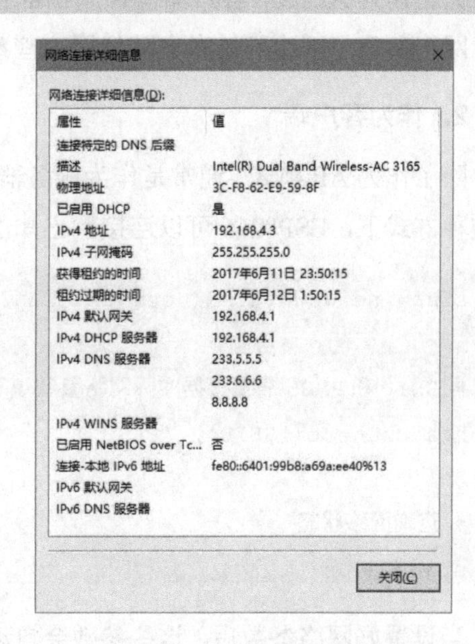

图 8.4　网络连接信息

上面创建了一个不带密码的热点，如果需要指定密码，创建热点如图 8.5 所示，可以用下面方法：

```
ap = network.WLAN(network.AP_IF)
ap.config(essid = '123456', password='12345678')
```

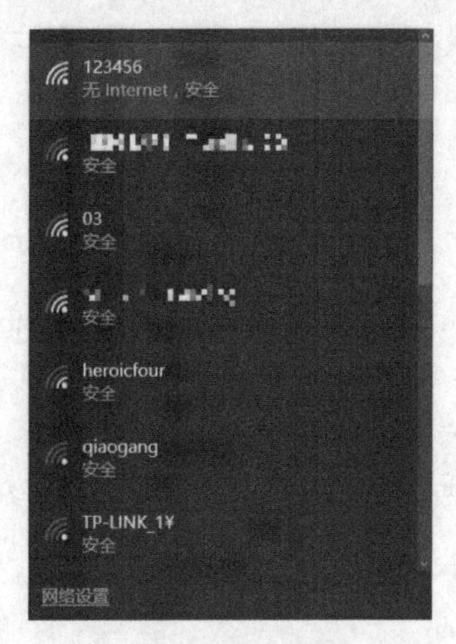

图 8.5　创建热点

无论作为 AP 或者客户端模式，网络连接只需要设置一次，ESP8266 会自动记忆网络参数，下次开始时自动使用这些参数连接网络。

2. 作为客户端

除了作为 AP 模式（通常是作为服务器），更常用的方式是作为客户机方式。在这种方式下，ESP8266 可以连接到已知的 WiFi 网络。

```
sta = network.WLAN(network.STA_IF)

# SSID 和 PASS 需要根据实际网络参数填写
sta.connect('SSID', 'PASS')

# 查询网络状态
sta.status()
```

当设置好网络参数后，这些参数会自动保存到 flash 中，下次启动时会自动以这些参数连接网络。

8.4.6 作为 http 服务器

首先在终端里输入下面代码（复制粘贴更快捷）。

```
import machine
pins = [machine.Pin(i, machine.Pin.IN) for i in (0, 2, 4, 5, 12, 13, 14, 15)]

html = """<!DOCTYPE html>
<html>
    <head> <title>ESP8266 Pins</title> </head>
    <body><h1>HTTP demo</h1>
        <h2>ESP8266 Pins</h2>
        <table border="1"> <tr><th>Pin</th><th>Value</th></tr> %s </table>
    </body>
</html>
```

```
"""

import socket
addr = socket.getaddrinfo('0.0.0.0', 80)[0][-1]

s = socket.socket()
s.bind(addr)
s.listen(1)

print('listening on', addr)

while True:
    cl, addr = s.accept()
    print('client connected from', addr)
    cl_file = cl.makefile('rwb', 0)
    while True:
        line = cl_file.readline()
        if not line or line == b'\r\n':
            break
    rows = ['<tr><td>%s</td><td>%d</td></tr>' % (str(p), p.value())
for p in pins]
    response = html % '\n'.join(rows)
    cl.send(response)
    cl.close()
```

用 Ctrl-D 完成粘贴后，程序就开始运行了，之后在计算机的网络设置中，连接到 ESP8266 的热点（MicroPython-XXXXXX）。

打开浏览器，输入网址：192.168.4.1，就可以看到运行效果。在浏览器中以表格的方式显示了 ESP8266 模块每个引脚的状态，如图 8.6 所示。

在终端上，也会同步显示连接信息，如：

```
listening on ('0.0.0.0', 80)
add 1
aid 1
```

```
station: 3c:f8:62:e9:59:8f join, AID = 1
client connected from ('192.168.4.2', 9323)
client connected from ('192.168.4.2', 9324)
client connected from ('192.168.4.2', 9330)
client connected from ('192.168.4.2', 9332)
```

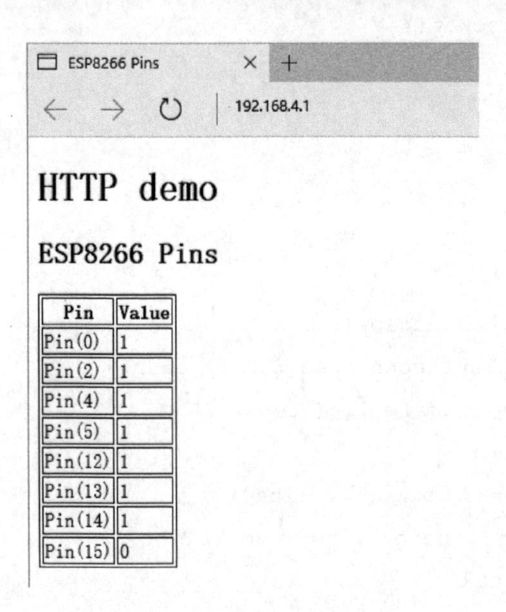

图 8.6　ESP8266 服务器演示

每次输入代码比较麻烦，可以先将它保存到一个文件中，然后复制到 ESP8266（可以使用后面介绍的文件传输软件），需要的时候就可以调用这个文件运行。比如将文件保存为 httpdemo.py，就可以用下面方法调用：

```
import httpdemo
```

或用 exec()调用运行

```
exec(open('httpdemo.py','r').read())
```

如果运行时提示出错：OSError: [Errno 98] EADDRINUSE，可以先复位（需要硬复位，不能用 Ctrl-D 软复位）一次 ESP8266，然后运行。

8.5　文件管理软件

pyboard 带有 USB 接口，可以通过 USB 接口复制文件，非常方便。而 ESP8266 本身没有 USB 接口，不能通过虚拟磁盘（PYBFlash）方式传输文件，文件传输和管理就比较麻烦。针对这个情况，MicroPython 官方提供了 WebREPL，其他爱好者也开发了一些工具软件，方便在 ESP8266 上进行文件管理。下面介绍几个常用的工具软件，也是目前最方便的文件管理软件。

8.5.1　WebREPL

WebREPL 是 MicroPython 官方提供的文件管理工具，当通过 WiFi 方式连接 ESP8266 后（使用 AP 模式或者客户端模式都可以），就能够使用浏览器和命令行方式实现文件管理、程序调试等功能。

1. 安装 WebREPL

首先我们需要下载 webREPL 文件，文件的网址是：

https://github.com/micropython/webrepl。

建议通过 git 下载，这样可以方便进行文件更新，甚至修改文件，增加功能；也可以直接下载 zip 文件，然后从压缩文件中展开使用。

2. 设置 webREPL

虽然在 ESP8266 的 MicroPython 固件中，已经集成了 WebREPL 模块，但是默认并没有开启。我们需要设置 webREPL 的参数，才能使用这个功能。

首先需要设置网络参数，将 ESP8266 设置为 AP 模式，或者客户端模式。在客户端模式下，需要将它的 IP 地址记下来（可以通过 ifconfig()函数查看。此外也可以在路由器上为 ESP8266 分配一个固定 IP，方便以后操作）。如果前面已经设置过网络，那么可以跳过这一步。

然后执行 import webrepl_setup，进入参数设置（旧版本的 webrepl 是通过浏览器设置的），再根据提示进行后面的操作。例如：

```
>>> import webrepl_setup
```

```
WebREPL daemon auto-start status: enabled

Would you like to (E)nable or (D)isable it running on boot?
(Empty line to quit)
> E
To enable WebREPL, you must set password for it
New password: 1234
Confirm password: 1234
No further action required
>>>
```

上面是首次设置 webREPL 的界面，先选择是否每次启动时自动打开 webREPL 功能，输入 E 就是允许，D 是禁止，不输入就是退出设置。然后输入 webREPL 的安全密码（不是网络密码），可以任意设置一个，比如 1234。

如果已经设置过 webREPL，就会提示是否修改密码，如果确认修改就需要输入两次密码，修改后还会提示自动重启。如下面显示了将密码修改为 12345。

```
>>> import webrepl_setup
WebREPL daemon auto-start status: disabled

Would you like to (E)nable or (D)isable it running on boot?
(Empty line to quit)
> e
Would you like to change WebREPL password? (y/n) y
New password: 12345
Confirm password: 12345
Changes will be activated after reboot
Would you like to reboot now? (y/n) y
```

3. 使用 webREPL

设置好参数，并重新启动 ESP8266 使设置生效后，就可以通过浏览器使用 webREPL 了。首先确认 ESP8266 已经连接到网络，并确定它在网络中的地址（在

AP 模式下，计算机需要先连接到 ESP8266 的 AP，IP 地址通常是 192.168.4.1；在客户端模式下，IP 地址与路由器有关）。

再打开网络浏览器，不能使用旧版本的 IE 浏览器，可以使用新版本的 IE 或者 EDGE，推荐使用 Chrome 和 firefox 浏览器。打开前面下载的 webREPL 文件夹，用浏览器打开其中的 webrepl.html 文件，就会看到如图 8.7 所示界面。

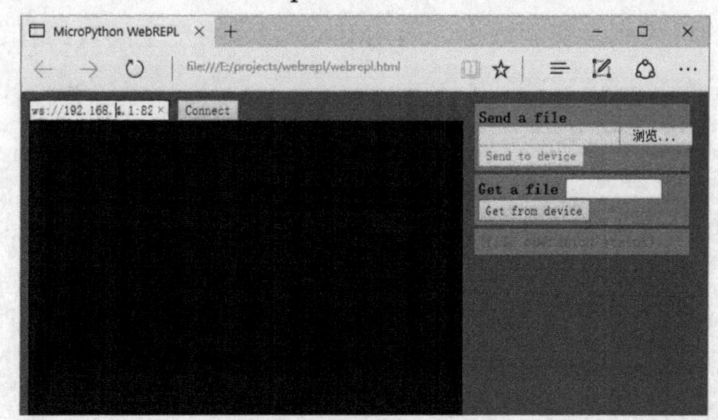

图 8.7　连接 WebREPL

将 ws://后的 IP 地址改为实际的地址后，端口号是 8266，点击 Connect 按钮，就会出现输入密码提示。输入前面设置的密码后，就可以连接到 webREPL 了，如图 8.8 所示。输入密码时，不会显示任何字符，输入完成后回车就可以进入了。如果一直停留在连接状态，不显示输入密码提示，说明 ESP8266 的网络参数有问题，请重新检查并设置网络参数。

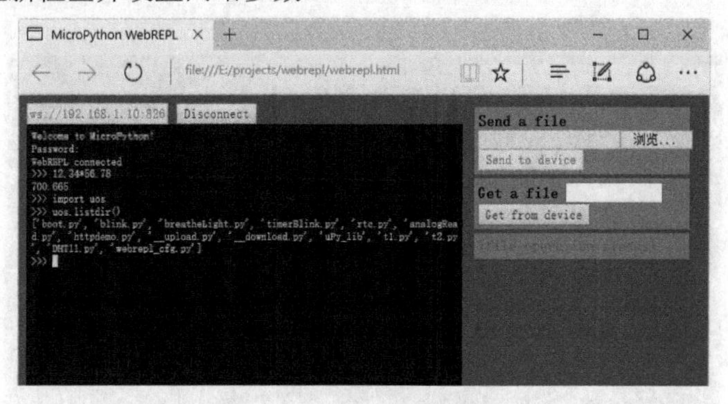

图 8.8　webREPL 连接成功

进入 webREPL 后，可以在浏览器中输入命令，如图 8.9 所示，和在终端中使用 REPL 是一样的，所以叫做 webREPL。如果这时连接到一个终端软件上，会发现浏览器和终端界面上会显示相同的内容。

从计算机复制文件到 ESP8266，可以在 Send a file 下点击“浏览”按钮，选择文件。然后通过 Send to device 就可以发送到 ESP8266。可以通过 uos.listdir() 查看文件列表，就知道文件是否复制过去了。复制任何类型的文件都可以，但是注意不要超过剩余空间的容量。ESP8266 模块主要有 512KB 和 4MB 两种容量，512KB 的型号剩余空间很小，而 4MB 的型号用户空间大约有 3MB 左右。

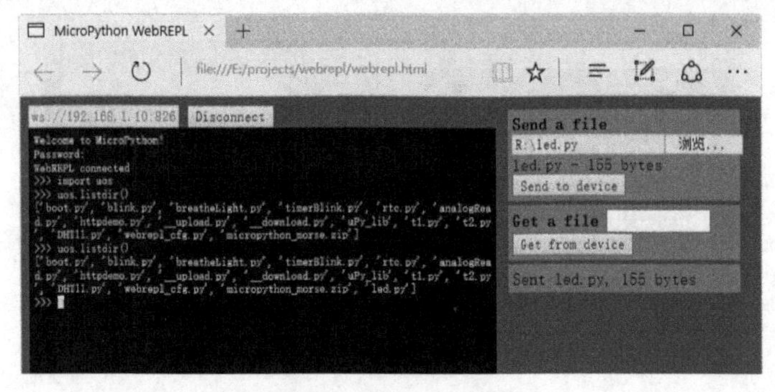

图 8.9　输入命令

从 ESP8266 复制文件到计算机时，需要自己在 Get a file 后输入文件名，然后通过 Get from device 按钮复制文件，完成后浏览器会提示保存文件，就像从网络下载文件一样。如果文件名输入错误（或 ESP8266 中没有这个文件），连接会中断，需要重新连接。文件管理如图 8.10 所示。

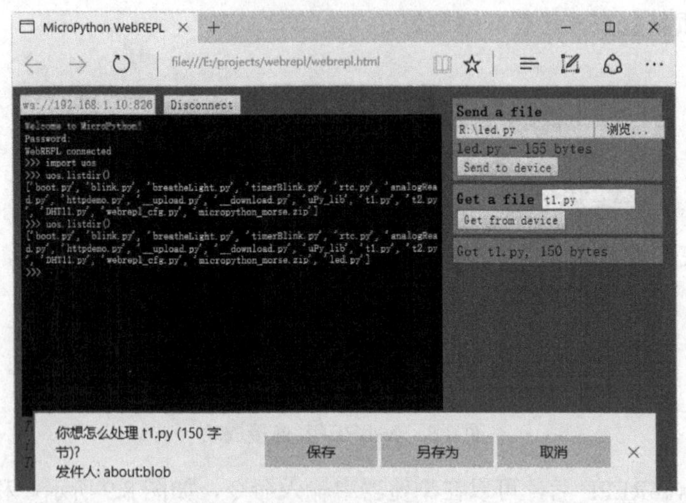

图 8.10　文件管理

和其他软件相比，webREPL 是这些文件管理软件中功能最少的，也不够方便，但是它使用简单，不用安装额外的软件，通过浏览器就能操作。

注：webREPL 通过网络一次只能和一个计算机连接。只有等当前计算机中断连接后，另外的计算机才能连接进去。

8.5.2 uPyLoader

ESP8266 没有 USB 接口，不能直接管理 ESP8266 中的文件，如查看文件、复制文件都比较麻烦。uPyLoader 是一个用 Python 开发的多功能文件管理、代码编辑、模拟终端软件，可以方便地在 ESP8266 运行 MicroPython 程序，支持串口和 WiFi 两种方式，带有图形界面，操作上比 WebREPL 简单，功能也更多。

1. 安装

uPyLoader 的安装是比较容易的。首先要到 github 上下载 uPyLoader 的源码。

```
https://github.com/BetaRavener/uPyLoader
```

可以使用 git 克隆源码（需要先安装好 git），也可以直接下载 zip 文件再展开。对于有经验的用户建议使用 git，如图 8.11 所示方便同步源码，而初学者可以直接下载 zip。

```
git clone https://github.com/BetaRavener/uPyLoader.git
```

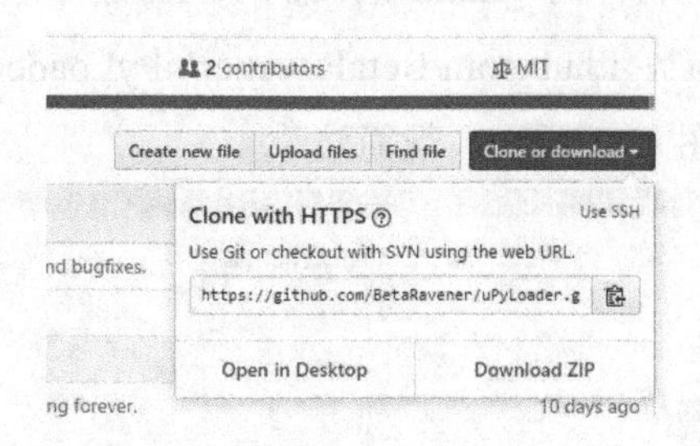

图 8.11 用 git 下载源码

下载源码后，还需要安装 Python3、PyQt5 等软件才能运行。在 Windows 下，可以直接到开源网站 SourceForge 上下载 PyQt5（下载 32 位或 64 位版本都可以），它集成了 Python3、PyQt5、Qt5 三个软件，可以一次安装好。

另外一种方法是分别安装 Python3、PyQt5 等软件（参见图 8.12）。在 Linux 下和在 Windows 下，方法都类似，可以先安装好 Python3，然后用 pip 安装 PyQt5

（安装 Python3 时需要将 Python3 目录添加到系统路径中，Linux 下还需要使用 sudo 提升权限）。

```
pip3 install PyQt5
```

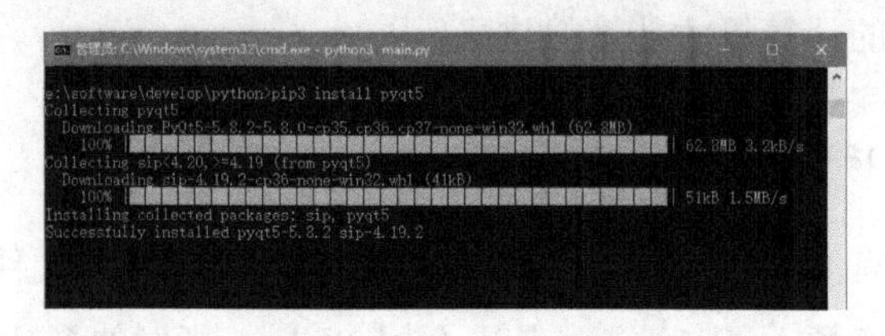

图 8.12　安装 PyQt5

在 Linux 下也可以直接安装 PyQt5：

```
sudo apt-get install python3-pyqt5
```

无论是哪种方法，安装 Python3 和 PyQt5 后，还需要安装 pyserial，这样才能使用串口。

```
pip3 install pyserial
```

最后，在 uPyLoader 目录下，就可以通过命令行运行 uPyLoader 了（如果用 Python3 关联了 py 文件，也可以双击 main.py 文件运行）。

```
python3 main.py
```

更简单的方法是在软件的 github 网站的 releases 中下载编译好的二进制文件，下载地址是：https://github.com/BetaRavener/uPyLoader/releases。

运行后的效果如图 8.13 所示，很简洁。

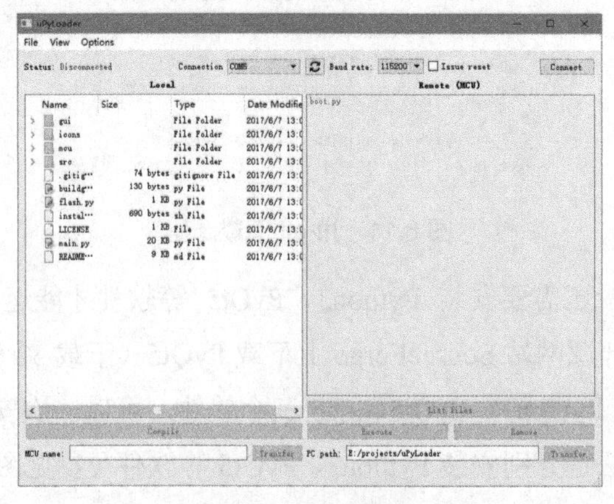

图 8.13　软件界面

2．连接

uPyLoader 的连接有两种方式：串口和 WiFi。在软件上面中间位置的 Connection 中，我们可以选择连接的方式，前面是串口，最后面一项是 WiFi。

串口方式连接 ESP8266 如图 8.14 所示。选择串口方式时，需要将波特率设置为 115200，绝大部分 MicroPython 版本都是使用了这个波特率。选择后就可以按右上角的 Connect 按钮进行连接，如果连接正确就会在右边显示出 ESP8266 中的文件列表，否则会提示连接错误。

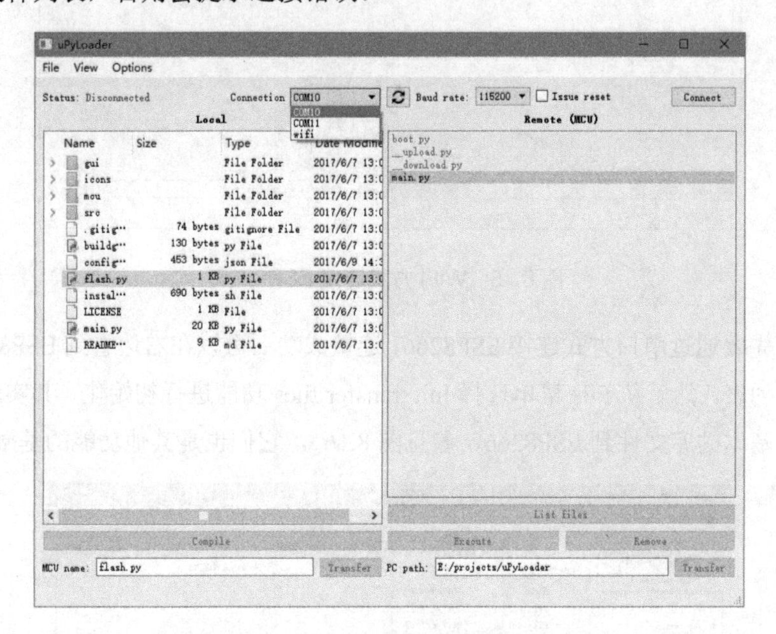

图 8.14　串口方式连接 ESP8266

使用 WiFi 方式时，和 webREPL 非常类似，需要先设置好 ESP8266 的联网方式（AP 模式或者普通模式），并连接到网络。然后在 uPyLoader 的连接方式中选择 WiFi，并设置好 IP 地址和端口，就可以连接（参考图 8.15）。连接时还会提示输入密码，连接后就与串口的操作方式一样了。

3．初始化

在用串口连接方式时，如果 uPyLoader 是和 ESP8266 第一次连接，需要先进行初始化才能使用文件管理功能。如果不进行初始化，在进行文件管理功能时就会出错。

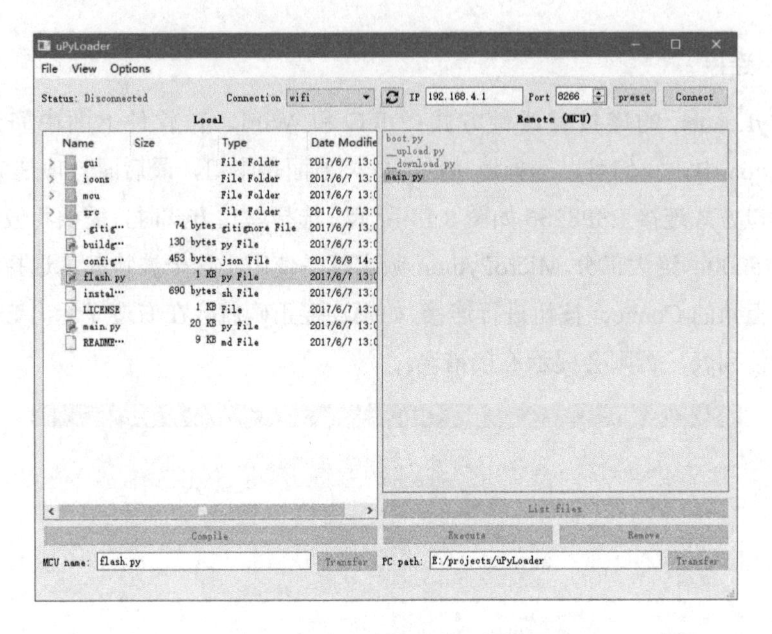

图 8.15　WiFi 方式连接 ESP8266

首先要通过串口方式连接 ESP8266，连接成功后可以在右边看到 ESP8266 上的文件列表。然后从 File 菜单选择 Init transfer files 功能进行初始化（其实就是传递两个基本的库文件到 ESP8266，参见图 8.16），它们也是其他功能的基础模块。

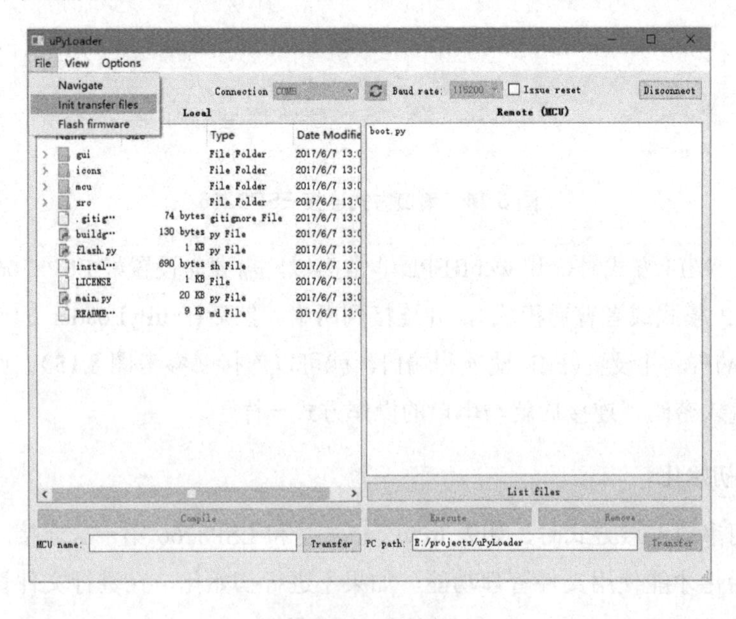

图 8.16　初始化

初始化完成后，就会在文件列表中发现多出了两个文件：__upload.py 和 __download.py，如图 8.17 所示，这就代表完成了初始化。如果提示找不到文件，多半是因为没有从 uPyLoader 的目录开始运行，没有找到这两个文件。需要重新切换到 uPyLoader 的目录，再次运行 uPyLoader。

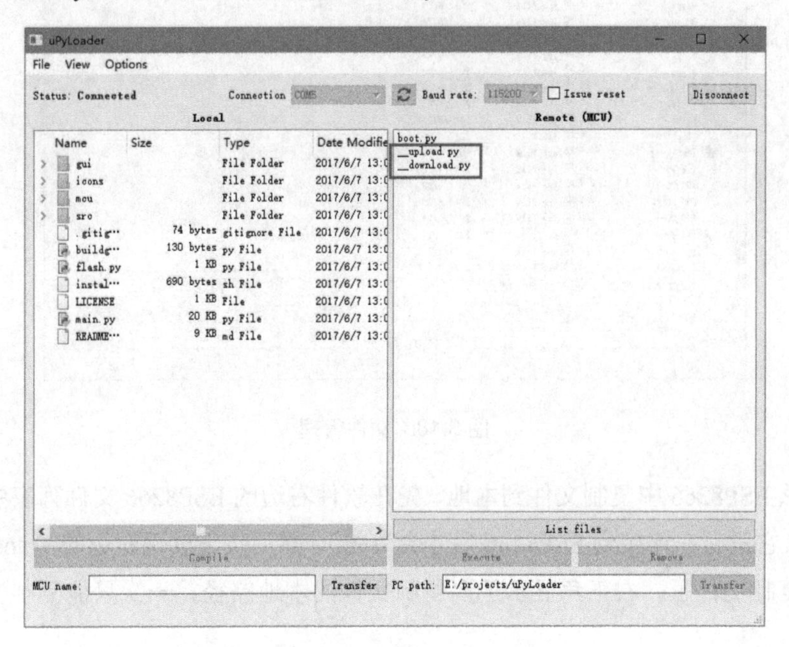

图 8.17　完成初始化

4．文件管理

在 ESP8266 上，文件管理功能是我们最需要的功能，也是最常用的功能。uPyLoader 可以方便地复制文件、删除文件、执行文件，用图形化方式完成大部分文件管理功能，简化了操作，对于 Windows 下的用户来说特别方便。

连接 ESP8266 后（串口方式和 WiFi 方式是一样的），左边显示的是计算机上的文件列表，右边是 ESP8266 上的文件列表。如果需要改变计算机上的文件夹，可以通过菜单 File->Navigate 进行选择。

从计算机复制文件到 ESP8266 时，先在软件左边本地磁盘文件列表中选中文件，左下角就会显示待传递的文件名。这时按下左边的 Transfer 就可以将本地文件复制到 ESP8266 中。可以用 Ctrl+鼠标选择多个文件一次传输，这样效率更高文件管理请参考图 8.18。

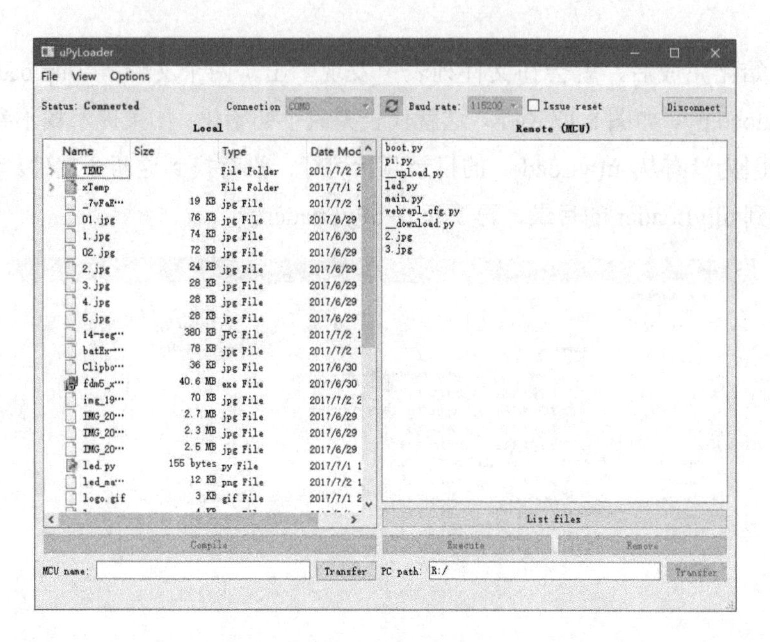

图 8.18　文件管理

从 ESP8266 中复制文件到本地，先在软件右边的 ESP8266 文件列表中选中文件（它只有在连接到 ESP8266 后才会有效），然后按下软件右边的 Transfer 就可以复制文件了。右下角显示了要复制文件的本地路径，一次只能复制一个文件。

删除 ESP8266 上的文件，先在列表上选中文件，然后按下 Remove 按钮。

运行 ESP8266 上的程序，先选择好文件，然后按下 Execute 按钮。

5. 编辑文件

在 uPyLoader 的界面中，如果双击一个 py 文件（无论是本地文件或者 MCU 内部文件），就会自动打开代码编辑功能。可以在编辑窗中修改文件，然后保存到 MCU 或者本地磁盘中（Local 代表保存到本地磁盘，MCU 表示保存到 ESP8266 的文件系统中）。

uPyLoader 一次只能编辑一个文件（参见图 8.19），如果在编辑文件的时候去打开另外一个文件，会关闭当前文件，然后打开新文件。uPyLoader 不会提示保存文件，如果修改了当前文件，又去打开新文件或关闭编辑窗体，会丢失已经修改的内容。

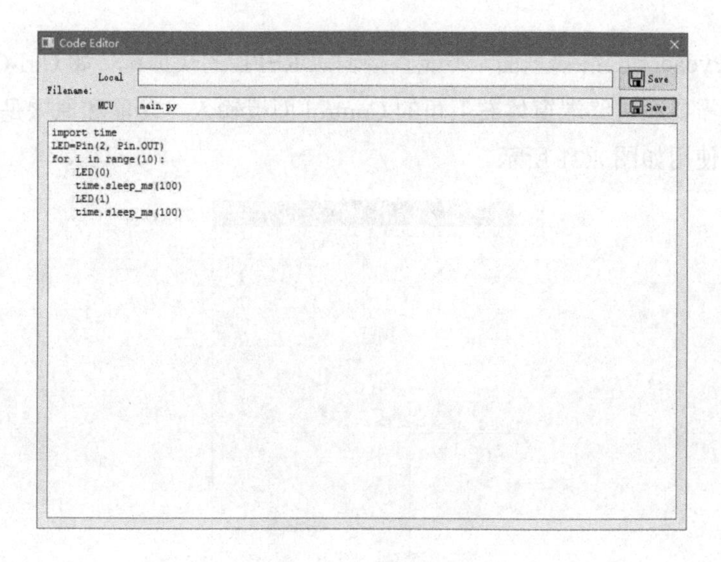

图 8.19　编辑文件

6．终端模式

uPyLoader 也支持终端模式，从菜单的 view->Terminal 就可以进入终端模式（需要先连接到 ESP8266）。在终端模式下，我们可以在下半部分的命令窗口中输入 Python 程序，然后执行。输入时，直接回车代表执行当前的程序，要输入多行就要用 shift+回车新建一行。

输入回车键或者按下 Send 就可以运行程序，运行结果会在上半部分的窗体中显示出来。终端功能如图 8.20 所示，无论是正常或者错误消息，都会在这里显示，和使用其他终端软件类似。

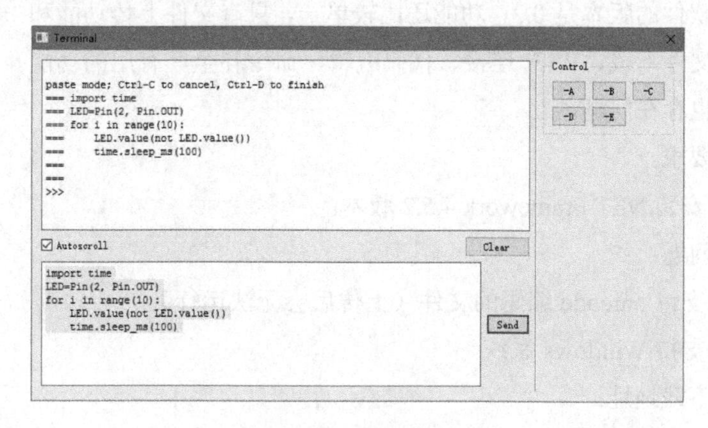

图 8.20　终端功能

在 uPyoader 的终端里面，不能直接输入 REPL 的快捷键，如 Ctrl-C、Ctrl-D 等，它们需要通过终端窗体右上角的 Control 面板输入，功能和原来是一样的，快捷键的使用如图 8.21 所示。

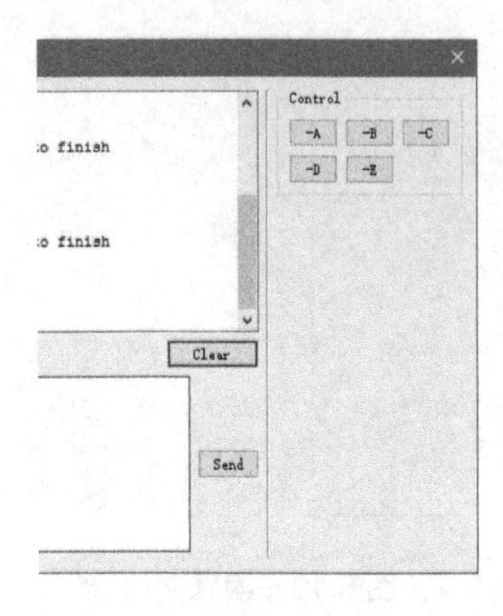

图 8.21 快捷键的使用

终端窗口和编辑窗口可以同时打开，互不影响。在 uPyLoader 的终端模式也有一些限制，如用 Tab 键进行代码补全的功能就不能使用了。

8.5.3 MicroPython File Uploader

MicroPython File Uploader 是一个小巧快速的 ESP8266 文件上传工具，如图 8.22 所示，它不但文件尺寸小（只有 75KB），而且上传文件速度非常快，是目前最快的文件传输工具，比 uPyLoader 快很多。

目前软件的版本是 0.2，功能还比较单一，只有文件上传功能和一个简易终端，缺少文件下载、WiFi 连接、代码编辑、命令补全等有用的功能。此外文件下载功能也存在问题。

系统要求：

- 已安装.NET Framework 4.5.2 版本。

已知问题：

- 不支持 unicode 编码的文件（上传后会无法运行）。
- 只支持 Windows 系统。

软件下载地址：

http://www.wbudowane.pl/download/

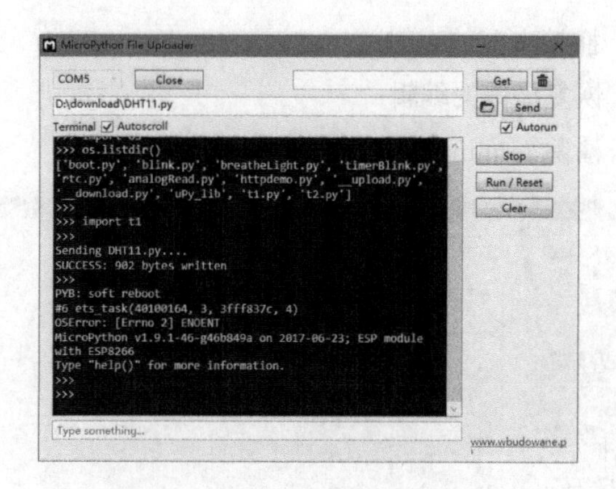

图 8.22　MicroPython File Uploader

8.5.4　uPyCraft

uPyCraft 是 DFRobot 公司新推出的专为 MicroPython 设计的 IDE 软件。它可以运行在 Windows、Mac 操作系统上，界面简洁，操作简单。它的使用风格类似 Arduino IDE，支持多种开发板，并内置了多个演示程序。

1. 软件下载

uPyCraft 是一个绿色软件，无须安装，下载后就可以运行。

软件下载：

https://git.oschina.net/dfrobot/upycraft/

2. 界面

uPyCraft 的界面很简洁，如图 8.23 所示，主要分为菜单、工具栏、文件列表、文件编辑和终端输入等几个部分。

快捷工具栏如图 8.24 所示，介绍如下：

1——New，新建一个空白文件；

2——Open，打开 PC 上的文件；

3——Save，保存文件；

4——Download and run，下载并运行编辑框中的程序；

5——Stop，停止正在运行的程序，返回到命令提示符；

6——Connect/Disconnect，连接或断开连接串口或网络上的 MicroPython 设备；

7——Undo，撤销之前的编辑；

8——Redo，恢复撤销的编辑；

9——Clear，清除 terminal 终端的信息。

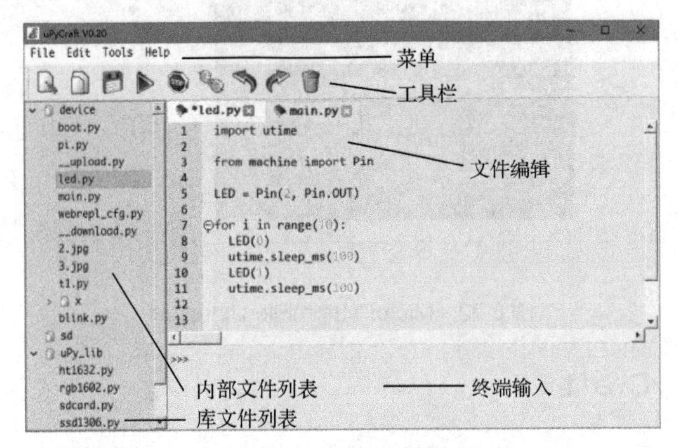

图 8.23　uPyCraft 界面

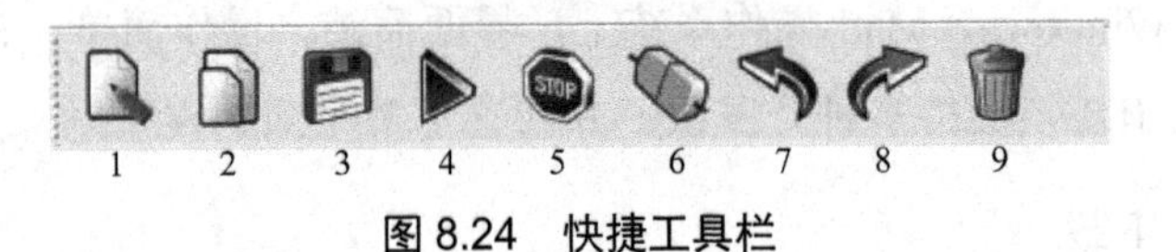

图 8.24　快捷工具栏

3. 连接开发板

uPyCraft 支持多种开发板，这一点比其他软件都方便。即使是没有将 USB 连接出来的 Nucleo 开发板，也可以很好地支持。

可以从菜单 Tools->board 选择使用的开发板，以及 Tool->Serial 选择串口，然后按下工具栏上的图标 ，就可以连接开发板了，如图 8.25 所示。

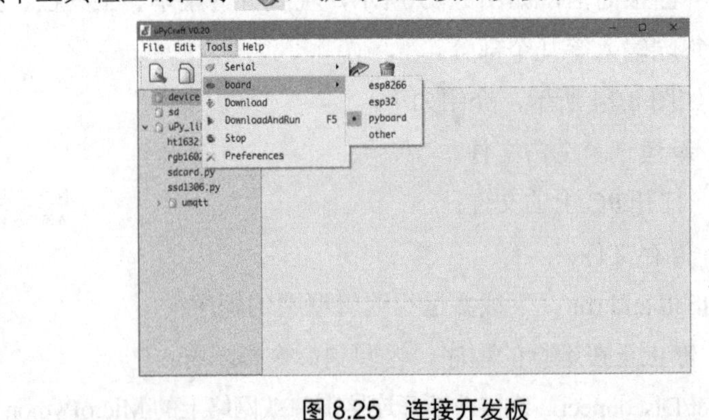

图 8.25　连接开发板

4．自动更新

在启动 uPyCraft 时，软件会自动联网，检查是否有新版本的程序，如果检查有新版本，就会提示是否更新，如图 8.26 所示。

如果选择 ok，就会自动开始更新，如图 8.27 所示。

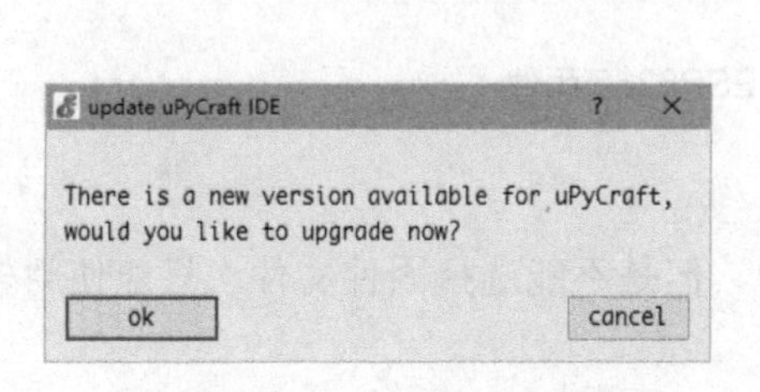

图 8.26　软件自动更新提示

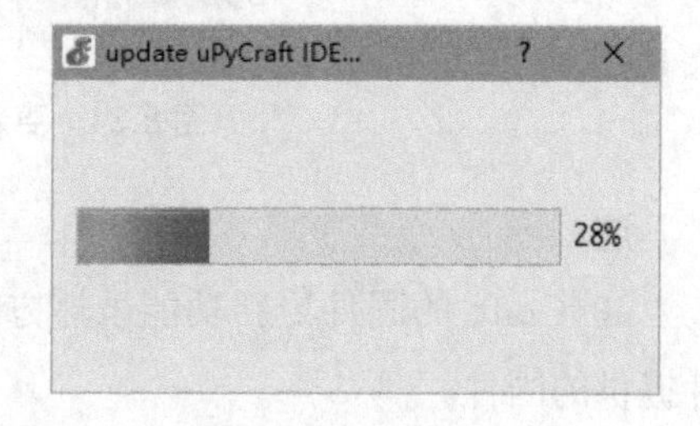

图 8.27　更新软件

完成后会提示如图 8.28 所示内容。

除了主程序会自动更新外，内部集成的例程也会自动更新，非常方便。

5．更新 ESP8266 固件

在连接 ESP8266 时，如果发现 ESP8266 的固件版本较低，会提示自动升级，如图 8.29 所示。升级前，需要先擦除 ESP8266 的 Flash，如图 8.30 所示。

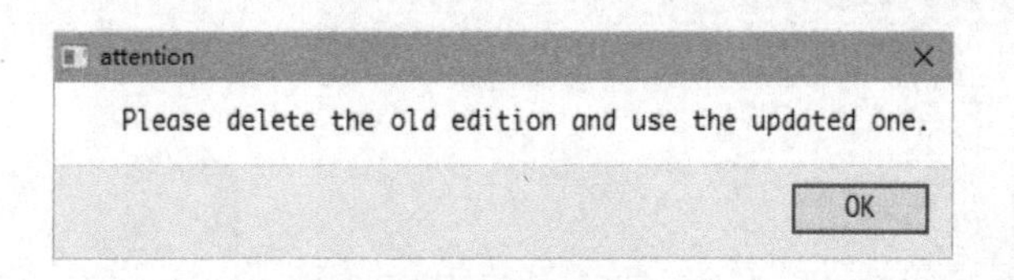

图 8.28　完成更新

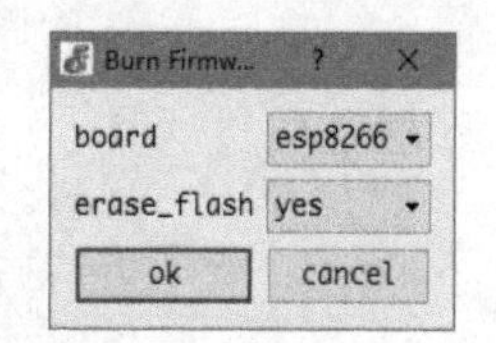

图 8.29　ESP8266 升级提示

在擦除前，需要按下 Flash 开关，才能进入升级模式。有些开发板（如机智云开发板）使用 DTR 等信号控制 RESET 和 FLASH 开关，可以自动完成这个功能。

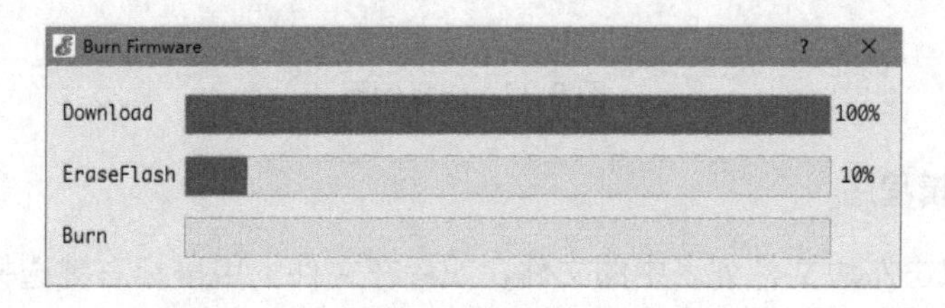

图 8.30　擦除 Flash

擦除后，就可以自动更新 ESP8266 固件了，如图 8.31 所示。

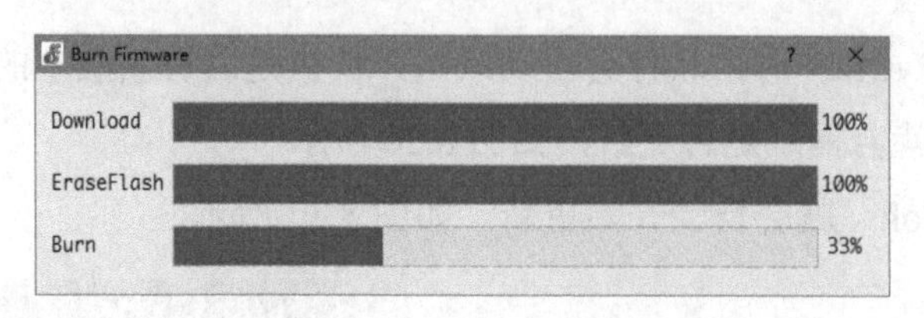

图 8.31　更新 ESP8266 固件

注：

uPyCraft 的固件更新功能虽然方便，但是不能选择固件文件，只能使用软件提供的固件。

6．运行例程

连接开发板后，就可以在菜单的 File->Examples 下打开例程，然后下载运行，这个功能和 Arduino IDE 非常相似。

比较人性化的是，打开例程时，系统会自动根据开发板型号自动选择合适的例程，如图 8.32 所示。

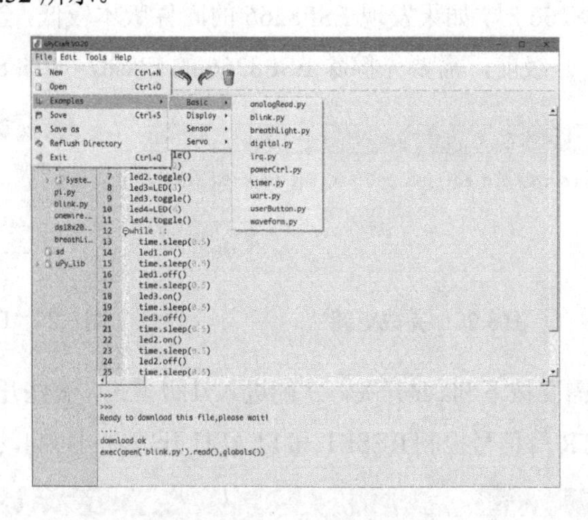

图 8.32　选择例程

7．编辑程序

鼠标双击左边文件列表中的文件，或者在文件上用鼠标右键选择 open，就可以打开一个文件进行编辑。

需要特别注意的是，修改后的文件，在保存时是保存在计算机的磁盘上，并不是保存到开发板，需要选择下载（download）才会保存到开发板中。

8．运行程序

在文件列表区选择文件，再单击鼠标右键选择 Run，就可以运行一个程序。

如果是正在编辑的程序，可以在工具栏按下▶图标，下载程序并运行。可以通过按下 STOP 停止正在运行的程序。

uPyCraft 是目前最方便的文件管理软件，功能最多，使用方便，还支持在线升级功能。比较遗憾的是，uPyCraft 目前只支持 Windows 和 Mac 系统，不支持 Linux。

另外需要注意的是，目前大部分的文件管理工具都是不支持文件夹的，只能操作根目录下的文件。

Chapter 9

第 9 章 使用技巧和常见问题

在使用 MicroPython 过程中，我们会遇到各种各样的问题。下面总结了一些初学者会经常遇到的问题，并给出了解决办法。

9.1 不能正确识别出 PYBFlash 磁盘

这个问题多半是由于使用了超级精简版本的 Windows，其删除了很多驱动程序。这种情况下只能重新安装操作系统，最好安装完整版本的 Windows；或者找出缺少的驱动文件，并安装到系统。

特别注意不要随便安装 ghost 版本的 Windows，它最容易引起问题。

9.2 安装虚拟串口失败

这个问题同样是由精简版的 Windows 引起的，因为删除了相关的串口驱动文件，使得安装驱动时找不到需要的文件。导致这个问题的主要原因是缺少了 usbser.sys、usbser.inf 等文件，解决方法是从其他计算机上找到相同版本的文件，并复制到计算机中，然后安装串口驱动。

如果这个方法还不能解决，可能是还缺少其他驱动文件，可以打开 Windows 目录下的安装记录文件（通常是 c:\Windows\setupact.log），查看安装记录，找出安装失败的原因，然后去解决。

9.3　PYBFLASH 磁盘中文件损坏或乱码

有时我们会遇到 PYBFLASH 磁盘中的文件出现乱码，里面的内容都变成不可识别的字符。这通常是因为修改了磁盘中的内容（比如增加了文件、修改了文件内容等），又没有正常退出磁盘，就直接拔下 USB 线或者按下了复位开关，造成磁盘中数据丢失。

一旦出现文件内容损坏或乱码的问题，通常只能通过恢复出厂设置的方法去解决，具体步骤参考后面的说明。

9.4　恢复出厂设置

因为某些原因造成 pyboard 的 PYBFLASH 磁盘故障（比如文件乱码），就需要进行恢复出厂设置，就像 Windows 系统重新安装一样。

恢复出厂设置的基本步骤如下：

（1）连接 USB 线；

（2）按住 USER 键，然后按下复位键；

（3）松开复位键，保持 USER 键不放；

（4）这时 LED 将循环显示：绿→黄→绿+黄→灭；

（5）等黄绿灯同时亮时松开 USER 键，这时黄绿灯会同时快速闪 4 次；

（6）然后红灯亮起（这时红绿黄灯同时亮）；

（7）红灯灭，pyboard 开始进行恢复到出厂状态；

（8）所有灯都灭，恢复出厂设置完成。

有些开发板上只有 1 个 LED，对于这样的开发板，操作步骤也是类似的，只是 LED 的状态稍有不同：

（1）连接 USB 线；

（2）按住 USER 键，然后按下复位键；

（3）松开复位键，保持 USER 键不放；

（4）这时 LED 将循环显示：闪一次→闪两次→闪三次→灭；

（5）等 LED 闪三次时松开 USER 键，LED 将继续闪三次；

（6）然后 LED 长亮，pyboard 开始进行恢复到出厂状态；

（7）LED 灭，恢复出厂设置完成。

注：完成恢复出厂设置后，PYBFLASH 磁盘中的原有内容会丢失。

9.5 怎样升级 pyboard 的固件

pyboard 和其他使用 STM32 的系统可以使用相同的方法升级固件。升级方法有两种：通过 dfu 或者 SWD 方式。使用 dfu 方式不需要任何额外的硬件，通过 USB 就可以直接升级。而 SWD 方式就是使用仿真器/编程器进行下载。

使用仿真器时，需要将仿真器的 SWD 连接到 pyboard 的 SWD 上，在 PYBV10 上，它对应图 9.1 所示 SWD 编程口的引脚，也就是 PA13/PA14。如果是 Nucleo 开发板，可以通过开发板自带的 ST-Link 直接进行升级。

图 9.1　SWD 编程接口

通过 SWD 方式时，需要使用 HEX 格式的固件文件。官网通常只提供了 dfu 格式的固件，需要自己转换，也可以自己编译源码，编译后会同时产生 dfu 和 HEX 格式的二进制文件。格式转换可以使用下面介绍的 DfuSe 软件（其中的 DFU File Manager 程序）。

使用 dfu 模式进行升级时，在 Windows 下，需要先安装一个软件 DfuSE，它可以在 ST 公司的网站上下载（以前可以直接下载，现在需要先注册或者提供个人邮箱才能下载）。软件的下载地址是：

http://www.st.com/content/st_com/en/products/development-tools/software-development-tools/stm32-software-development-tools/stm32-programmers/stsw-stm32080.html/。

这个网址很长，不方便输入，所以也可以直接在 ST 网站上搜索 DfuSe 或 STSW-STM32080，就可以快速找到软件。

下载并安装软件后，运行软件就可以看到如图 9.2 所示的界面。左上角显示了开发板连接状态，如果开发板进入 DFU 模式就会在这里显示出来。右下角的 Choose 用来选择并打开固件文件（dfu 格式），upgrade 按钮启动升级，而下面的进度条会显示升级进度。

图 9.2　DfuSe 软件界面

为了让 pyboard 进入 DFU 模式，可以在 REPL 提示符下输入下面命令：

```
pyb.bootloader()
```

输入后，pyboard 就会进入 DFU 模式。如果 pyboard 中没有包含 MicroPython

固件（通常是没有写入固件的新模块）或者固件损坏，上面方法就不能用了，需要将 BOOT0 连接到 3.3V（参考下图），然后按下复位键，pyboard 就会强制进入 DFU 模式。

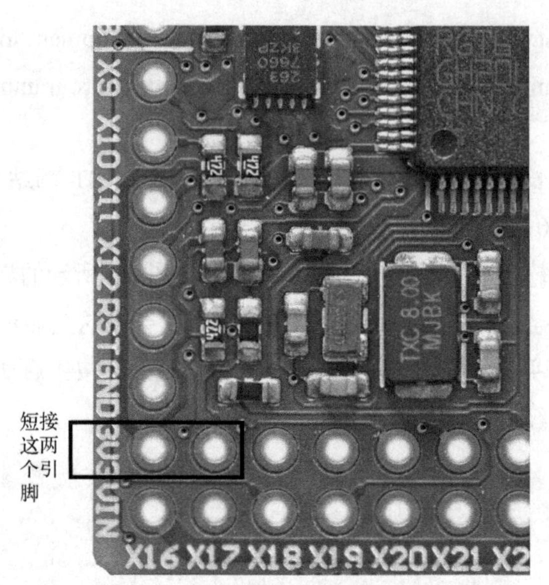

图 9.3　连接 BOOT0 到 3.3V

没有载入固件文件时，升级（upgrade）按钮是灰色的，无法使用。当我们载入 dfu 固件文件后，升级按钮恢复正常，就可以通过它升级固件了（参考图 9.4）。载入固件文件时要注意不要选择了错误的固件文件，因为软件不会识别芯片型号，也没有错误提示。升级通常需要数十秒时间，升级完成后，可以按下复位键或者重新插拔一次 USB，就可以加载新版本的 MicroPython 了。

使用 DFU 模式，无须任何额外的硬件设备，利用芯片内部自带的功能实现升级，最简单方便。

9.5.1 Linux 下升级固件

如果是在 linux 下升级固件，可以在编译源码时，指定编译参数进行升级（需要先安装 dfu-util 软件），如：

```
sudo make BOARD=PYBV11 deploy
```

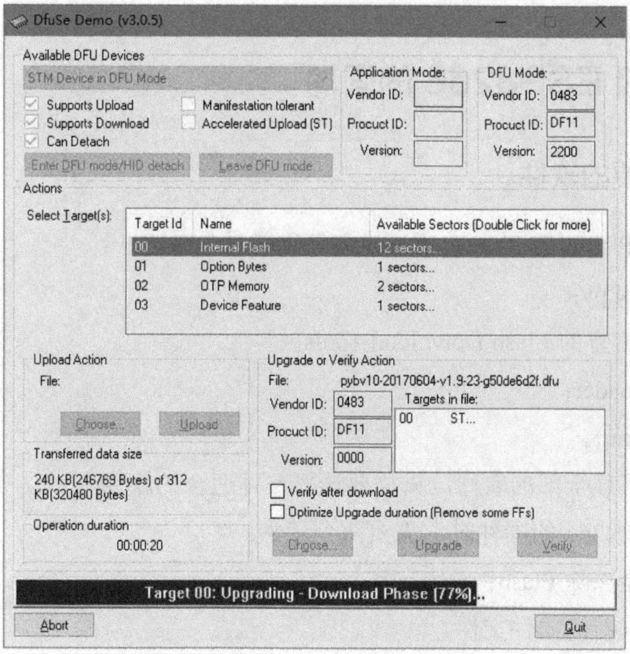

图 9.4 升级固件

或者使用 tools/pydfu.py 进行升级

```
make BOARD=PYBV11 USE_PYDFU=0 deploy
```

或者直接使用 dfu-util 进行升级，比如：

```
sudo dfu-util -a 0 -d 0483:df11 -D build-PYBV11/firmware.dfu
```

使用 dfu-util 升级前还是需要先进入 DFU 模式，方法和 Windows 下相同。

9.5.2 Nucleo 开发板升级固件

ST 的 Nucleo 系列开发板自带了 ST-Link/V2 仿真器，可以通过 STM32 ST-LINK Utility 这个软件将 HEX/Bin 文件下载到开发板。如果开发板的固件文件是 DFU 格式，需要先通过 DfuSe 软件中的 Dfu file manager 工具将 DFU 文件转换为 BIN 格式（也可以自己编译源码，这时会同时产生 DFU 和 HEX 两种格式的固件），然后下载。

9.6 升级 ESP8266 的固件

9.6.1 需要的软件

升级 ESP8266 的 Flash，需要准备下面几种软件之一：

- esptool.py；
- 乐鑫官方的 Flash Download Tools；
- uPyLoader；
- uPyCraft。

不需要下载全部的软件，只需要选择一种适合的软件。

升级 ESP8266 的固件时，需要两个步骤：

（1）完全擦除 Flash；

（2）写入新的固件文件。

如果不清除 Flash，写入新固件后，很容易出现乱码问题，因此升级必须先清 Flash。清除后就可以使用任意一个软件升级固件了。

注：Flash Download Tools 不带有清除 Flash 的功能。

9.6.2 固件文件

ESP8266 的固件分为几种：

- 普通版本（32Mb/4MB flash）；
- 小内存版本（4Mb/512KB flash）；
- OTA 版本。

最常用的是普通版本，而小内存版是针对如 ESP-01 这样只有 512KB 闪存的型号专用版本，它删除了一些功能，同时为文件大小做了优化，使 512KB 闪存也可以放下固件。OTA 版本支持通过 WiFi 方式升级固件，它需要先下载一个基本映像文件，然后采用专用的软件通过 WiFi 升级。

ESP8266 各种版本的固件在 MicroPython 的官方网站可以直接下载，也可以自己从源码编译产生。

9.6.3　进入升级模式

对于 ESP8266，上电后有两种状态：升级模式和正常运行模式。这两种模式是在上电时检测 3 个 GPIO 的状态而确定的（参考表 3.1）。升级模式和运行模式的区别在于 GPIO0，如果 GPIO0 是高电平，就是进入运行模式，否则进入升级模式。

对于大部分 ESP8266 开发板，需要用户控制才能进入升级模式，通常开发板上有一个专门的 Flash 按钮，在复位时按下 Flash 按钮就可以进入升级模式。少数开发板可以通过 USB 芯片提供的 DTR 或 RTS 信号，控制开发板自动进入升级模式。

无论是清除 Flash 还是升级程序，都需要进入升级模式后才能进行。升级的顺序是先让开发板进入升级模式，然后运行升级软件，下载固件。

9.6.4　esptool.py

esptool.py 是一个命令行方式的工具，可以运行在 Windows、Linux、MacOS 操作系统上。使用它必须安装 Python2（不能使用 Python3），然后通过 pip 进行安装。如果你同时安装了 Python2 和 Python3，就需要指定用 pip2 进行安装。此外还需要安装 pyserial，因为升级是通过串口发送数据和命令的。

```
pip2 install esptool pyserial
```

esptool.py 的基本使用方法是：

```
esptool.py --port PORT command value
```

需要用--port 指定使用的串口号，PORT 就代表了串口参数。command 和 value 代表具体操作和参数，更多帮助可以通过 esptool.py--help 查看。注意命令是区分大小写的。

从功能上来说，eptool.py 功能是最多的，但是它完全通过命令行方式使用，操作比较复杂，需要用户熟悉各种命令的用法和相关参数。

注：使用 esptool.py 时，如果没有将 Python2 的目录添加到系统路径，就需要自己指定 Python2 的目录才能运行。

1. 擦除 Flash

通过擦除命令 erase_flash 就可以擦除 Flash，如图 9.5 所示。

```
esptool.py--port COM5 erase_flash
```

```
管理员: 命令提示符
D:\download>esptool.py --port COM37 erase_flash
esptool.py v1.3
Connecting....
Running Cesanta flasher stub...
Erasing flash (this may take a while)...
Erase took 11.5 seconds

D:\download>
```

图 9.5　擦除 Flash

清除 flash 时，如果清除的速度太快时（与操作系统版本有关），有可能并没有完全清除，可以尝试多清除几次。正常清除一次 Flash，通常需要 5～15 秒。有的软件是通过写入空白文件到 Flash 进行清除，使用的时间会更长。

2. 写入固件

通过 write_flash 命令就可以升级固件，最少需要提供两个参数，写入地址（这里是 0）和固件文件，如：

```
esptool.py --port COM5 write_flash 0 esp8266-20170607-v1.9-25.bin
```

3. 读取固件

除了 esptool.py 外，大部分软件都没有提供读取程序的功能。使用 read_flash 就可以方便读取固件，并保存到文件。这个命令需要三个参数，起始地址、长度、文件名，如图 9.6 所示。

```
esptool.py --port COM5 read_flash 0 600000 1.bin
```

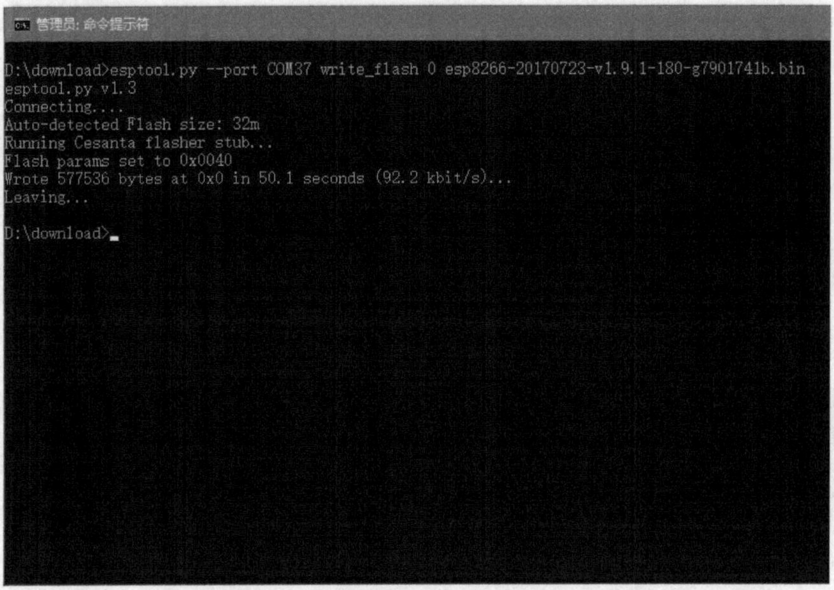

```
管理员: 命令提示符

D:\download>esptool.py --port COM37 write_flash 0 esp8266-20170723-v1.9.1-180-g7901741b.bin
esptool.py v1.3
Connecting....
Auto-detected Flash size: 32m
Running Cesanta flasher stub...
Flash params set to 0x0040
Wrote 577536 bytes at 0x0 in 50.1 seconds (92.2 kbit/s)...
Leaving...

D:\download>_
```

图 9.6　下载固件

9.6.5　Flash Download Tools

Flash Download Tools 是乐鑫官方提供的下载软件，提供了基本的程序下载功能，目前它只有 Windows 系统的版本。软件的下载地址是：

http://espressif.com/zh-hans/support/download/other-tools

运行软件后，首先出现的是选择型号，选择第一项就是 ESP8266（第二项 ESP8285 是内部集成了 1MB Flash 的 ESP8266，不是太常用），乐鑫官方下载软件界面如图 9.7 所示。

进入软件后需要先选择固件文件，并将地址设置为 0，然后选择串口，其他的参数可以使用默认值，如图 9.8 所示。

先进入升级模式，然后按下 START 键就会开始升级。注意 Flash Download Tools 没有 Flash 清除功能，需要用 esptool.py 进行清除。

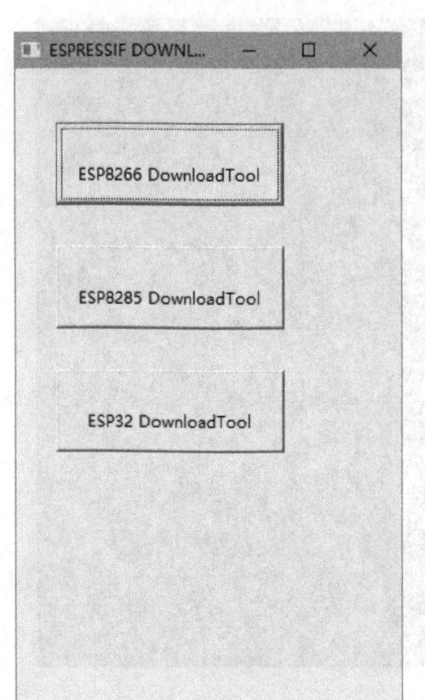

图 9.7 乐鑫官方下载软件

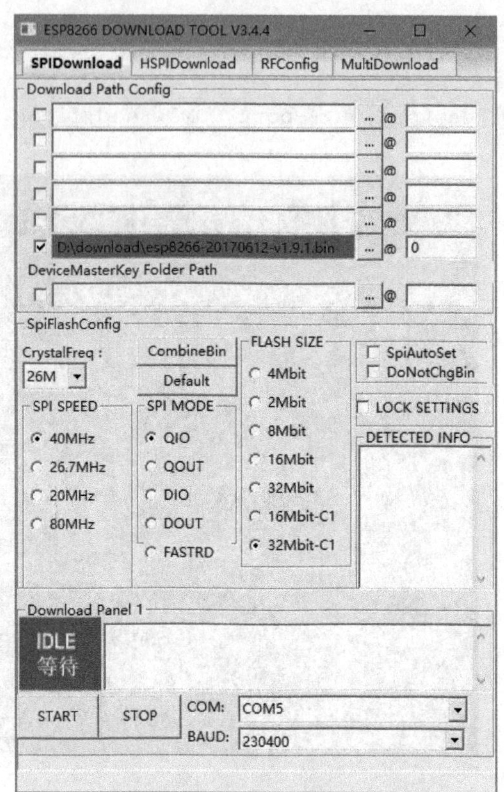

图 9.8 选择并下载固件

对于 ESP 系列模块，因为 GPIO2 连接到 LED 上，升级过程中可以通过 LED 的状态了解升级情况。升级时 LED 会高速闪烁，如果 LED 一直不闪，说明没有开始升级。

9.6.6 uPyLoader

uPyLoader 支持升级固件，在菜单的 File->Flash Firmware 下，就可以实现固件升级，如图 9.9 所示。

升级前，首先选择 Python2 程序的位置和固件文件的位置，然后单击左边的 Erase 按键进行清除 Flash 内容，再单击 Flash 按键升级固件程序。它通过图形化方式完成全部功能，用起来比较方便。

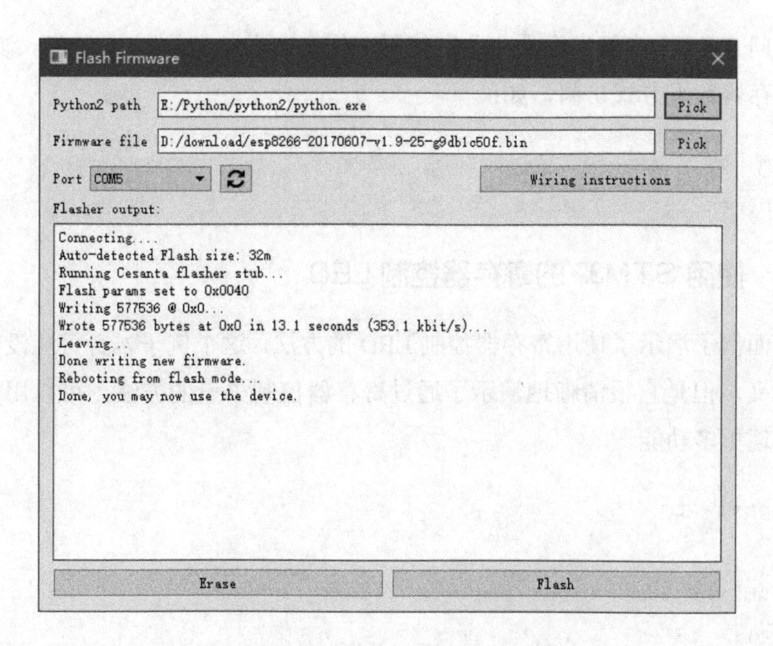

图 9.9　用 uPyLoader 升级固件

uPyCraft 升级固件的方法前面已经介绍了，这里就不重复了。

9.7　访问寄存器

在某些情况下，我们需要使用到某些硬件功能，但是 MicroPython 还不支持这个功能。这时通常是修改源码，增加自己需要的功能。这种方法对于很多人来说太复杂，不太容易。其实如果功能不太复杂，我们也可以通过直接控制寄存器实现各种功能。

通过一个在正式文档中没有说明的库 stm，我们可以方便地访问 STM32 内部的各种寄存器。

9.7.1　方法

- stm.mem8
- stm.mem16
- stm.mem32

访问 STM32 内部寄存器，分别使用 8 位、16 位、32 位方式访问。访问时，通过寄存器数组方式访问，如：

```
stm.mem16[stm.GPIOA+stm.GPIO_BSRRL]
stm.mem32[stm.TIM2]
```

9.7.2 使用 STM32 的寄存器控制 LED

下面例子演示了使用寄存器控制 LED 的方法。这个例子本身可能没有太大实际意义，但是它很清晰地演示了通过寄存器控制外设的方法，可以用类似的方法实现更多功能。

```
import stm


# LED1/PA13
LED1 = 13
stm.mem16[stm.GPIOA+stm.GPIO_BSRRL]|=(1<<LED1)
stm.mem16[stm.GPIOA+stm.GPIO_BSRRH]|=(1<<LED1)

# LED4/PB4
LED4 = 4
stm.mem16[stm.GPIOB+stm.GPIO_BSRRL]|=(1<<LED4)
stm.mem16[stm.GPIOB+stm.GPIO_BSRRH]|=(1<<LED4)
```

Chapter 10

第 10 章 MicroPython 应用

MicroPython 功能强大，使用方便，可以开发各种程序。下面通过各种案例，介绍它的更多用法。

10.1 计算圆周率

在古代，圆周率是一个很神秘的数字，而计算圆周率在数学上一直是个非常有活力的主题。古今中外有许多数学家都在研究计算圆周率的问题，以前受到各种条件的限制，只能计算出很少的位数，而现在已经可以计算到非常高的位数了。虽然在实际生活中很少需要用到高精度的圆周率数值，但是通过计算圆周率，可以研究数学理论、验证算法的好坏，此外，还可以测试硬件性能、用于加密解密等等。曾经有一段时间（大概是在 Win2000 到 WinXP 时代），大家在购买计算机时，就常用 superpi 这个软件去计算圆周率来测试计算机性能（通过计算圆周率的时间来判断计算机的性能高低）。

在这里我们不讨论圆周率计算的算法，也不研究它的理论，而是为了通过计算圆周率来评估 MicroPython 的性能，让大家对它有一个直观的认识。得益于 Python 语言强大的任意位数整数运算能力，我们可以通过特定公式去计算圆周率。下面程序利用了一个计算公式计算圆周率，它的特点是收敛速度比较快（参考程序是计算机上的 Python 程序，搜索一个常用程序稍加修改后移植到 MicroPython 中）。

计算公式：

$$\pi=3+3*(1/24)+3*(1/24)*(9/80)+\cdots$$

参考程序 pi.py

```
"""
文件：pi.py
说明：用 MicroPython 计算任意精度圆周率计算
http://bbs.micropython.com
"""
import time

def pi(places=10):
  # 3 + 3*(1/24) + 3*(1/24)*(9/80) + 3*(1/24)*(9/80)*(25/168)
  # The numerators 1, 9, 25, ... are given by (2x + 1) ^ 2
  # The denominators 24, 80, 168 are given by (16x^2 -24x + 8)
  extra = 8
  one = 10 ** (places+extra)
  t, c, n, na, d, da = 3*one, 3*one, 1, 0, 0, 24

  while t > 1:
    n, na, d, da = n+na, na+8, d+da, da+32
    t = t * n // d
    c += t
  return c // (10 ** extra)

def pi_t(n=10):
    t1=time.ticks_us()
    t=pi(n)
    t2=time.ticks_us()
    print('elapsed: ', time.ticks_diff(t2,t1)/1000000, 's')
```

```
    return t
```

这段代码包含了两个函数，一个用来计算圆周率，另一个用来计算花费的时间。

我们先新建一个文件，然后输入上面的代码，并保存到文件 pi.py 中。最后将 pi.py 复制到 pyboard 的磁盘，并重新连接 USB，让复制的文件生效。也可以直接通过终端将这段代码粘贴到 MicroPython 中。

再运行终端软件，就可以输入下面命令进行测试：

```
>>>import pi
>>> n=pi.pi_t(10)
elapsed:  0.001286 s
>>> n=pi.pi_t(100)
elapsed:  0.010029 s
>>> n=pi.pi_t(1000)
elapsed:  0.381165 s
>>> n=pi.pi_t(10000)
elapsed:  37.8203 s
```

我们可以发现，计算速度还是很快的，计算 100 位也只需要 10ms。虽然不能和 PC 的速度相比，但是计算速度也超出我们的预计，毕竟 STM32F4 的资源和速度与计算机相比是相差很大的。这个算法需要较大的内存，当我们继续计算更多位数时，会发现出现下面错误提示，这是因为计算需要的内存超出了 STM32F4 的 SRAM 大小。

```
>>> n=pi.pi_t(20000)
Traceback (most recent call last):
  File "<stdin>", line 1, in <module>
  File "pi.py", line 30, in pi_t
  File "pi.py", line 24, in pi
MemoryError: memory allocation failed, allocating 7080 bytes
```

上面圆周率的计算结果是在 PYBV10 上测试的，在其他型号芯片的 MicroPython 系统上可能会有不同，这与 MCU 的型号、系统主频有关。这个程序只使用了 MicroPython 的基本功能，没有涉及具体的硬件底层，因此可以在绝大部分的 MicroPython 系统上运行和测试，大家可以在不同的硬件平台下进行比较，它可以间接反映出系统的性能。

最后，我们用 pi()函数计算 1000 位的圆周率，并打印出来，大家可以将它和其他软件计算的结果相比较。

```
    31415926535897932384626433832795028841971693993751058209749445
9230781640628620899862803482534211706798214808651328230664709384 46
0955058223172535940812848111745028410270193852110555964462294895 49
3038196442881097566593344612847564823378678316527120190914564856 69
2346034861045432664821339360726024914127372458700660631558817488 15
2092096282925409171536436789259036001133053054882046652138414695 19
4151160943305727036575959195309218611738193261179310511854807446 23
7996274956735188575272489122793818301194912983367336244065664308 60
2139494639522473719070217986094370277053921717629317675238467481 84
6766940513200056812714526356082778577134275778960917363717872146 84
4090122495343014654958537105079227968925892354201995611212902196 08
6403441815981362977477130996051870721134999999837297804995105973 17
3281609631859502445945534690830264252230825334468503526193118817 10
1000313783875288658753320838142061717766914730359825349042875546 87
3115956286388235378759375195778185778053217122680661300192787661 11
959092164201989
```

10.2 驱动 OLED 模块

OLED 是很常用的电子元件，它体积小、接口简单、功耗低、显示效果好，因此在 DIY、创客制作、电子竞赛中得到广泛应用。

现在常用的 OLED 模块有 SPI 和 I2C 两种接口，它们的功能相同，只是接口方式有些不一样。SPI 有 6 线和 7 线两种，而 I2C 接口只使用了 4 根线，使用上更加方便。下面以 I2C 接口的 OLED 和 PYB Nano 开发板为例进行介绍，SPI 接口的使用方法相同，只是在程序中定义接口时改为 SPI 方式。

在 MicroPython 的源码中有一个 drivers\display 目录，它里面有一个

ssd1306.py 文件，使用它就可以非常容易地驱动 OLED。

首先将上面这个文件复制到 pyboard 的磁盘中，然后将 OLED 的 I2C 接口连接到 pyboard 的任意两个 GPIO，通过软件 I2C 驱动（在 pyboard 上，ssd1306 模块驱动硬件 I2C 时会出现一个错误，造成程序不能正常运行，而在 ESP8266 上是正常的。可以通过修改 ssd1306 修正它，但是为了尽量不直接改动官方文件，所以使用了软件 I2C 方式）。

我们先通过一个简单的程序介绍 OLED 的基本使用方法：

```
from machine import I2C
i2c=machine.I2C(-1,sda=machine.Pin("PB9"),scl=machine.Pin("PB8"))

from ssd1306 import SSD1306_I2C
oled = SSD1306_I2C(128, 64, i2c)
oled.text("Hello PYB Nano", 0, 0)
oled.framebuf.hline(0, 12, 110, 1)
oled.show()
```

显示效果如图 10.1 所示。

图 10.1 PYB Nano 控制 OLED

在上面程序中，首先我们需要定义一个 I2C 对象，它将作为 OLED 函数的一个参数。然后导入 SSD1306_I2C 模块（如果是 SPI 接口，就是导入 SSD1306_SPI

模块）。

然后是定义 OLED 对象，定义后就可以在 oled 上进行显示文字、画线等操作了。注意调用 oled.text()等函数后，OLED 上不会直接更新和显示出变化，还需要调用 oled.show()函数，这样才能将显示的内容更新。

1．OLED 模块的构造函数

● SSD1306_I2C.OLED(width, height, i2c, addr=0x3c, external_vcc=False)

width，代表 OLED 的宽度，常用的 OLED 是 128x64 和 128x32 点阵的；

heigth，OLED 的高度；

i2c，用户定义的 I2C 对象；

addr，OLED 模块的 I2C 设备地址，默认 0x3c，这个地址可以通过一个电阻进行设置；

external_vcc，电压选择。

● SSD1306_SPI.OLED(width, height, spi, dc, res, cs, external_vcc=False)

width/height，参数函数和 I2C 相同；

spi，用户定义好的 SPI 接口，支持硬件 SPI 和软件 SPI；

dc，数据/命令选择；

res，复位控制；

cs，SPI 设备的片选信号。

2．OLED 模块的功能函数

● OLED.poweron()

打开 OLED 模块。

● OLED.poweroff()

关闭 OLED 模块。

● OLED.contrast(contrast)

设置显示的对比度（在 OLED 上实际是亮度）。contrast 参数是 0～255，0 最暗，255 最亮。

● OLED.invert(invert)

设置正常方式显示和反显，它会影响整个屏幕。

invert，奇数时是反显，偶数时是正常显示。

- OLED.pixel(x,y,c)

画点。(x,y)是点阵的坐标，不能超过屏幕的范围。c 代表颜色，因为是单色屏，所以 0 代表不显示，大于 0 代表显示。

- OLED.fill(c)

用颜色 c 填充整个屏幕（清屏）。

- OLED.scroll(dx, dy)

移动显示区域，dx/dy 代表 x/y 方向的移动距离，可以是负数。

- OLED.text(string, x, y, c=1)

在(x, y)处显示字符串，颜色是 c。注意使用 text()函数时，字符串的字体是 8x8 点阵的，暂时不支持其他字体，也不支持中文。如果需要使用其他字体和显示中文，可以用 pixel()函数和小字模实现。

- OLED.show()

更新 OLED 显示内容，调用上面函数后，数据实际上是先写入缓冲区，只有调用 show()函数后，才会将缓冲区的内容更新到屏幕上。

除了上面这些基本函数外，我们还可以从 framebuf 模块中继承一些有用的函数：

- OLED.framebuf.line(x1,y1,x2,y2,c)，画直线；
- OLED.framebuf.hline(x,y,w,c)，画水平直线；
- OLED.framebuf.vline(x,y,w,c)，画垂直直线；
- OLED.framebuf.fill_rect(x,y,w,h,c)，画填充矩形；
- OLED.framebuf.rect(x,y,w,h,c)，画空心矩形。

如果还需要更多的功能（如画圆、三角形、显示 bmp 图形和汉字），可以通过这些基本函数组合去实现。在后面的 SenseorTile 章节，提供了更多关于 OLED 应用的例子，大家可以参考，就不在这里重复了。

上面是以 pyboard 为例，但是 ssd1306.py 同样也可以用在 ESP8266 上，除了接口定义稍有区别，其他使用方法是完全相同的，大家可以自己试一试。

10.3 温度传感器 DS1820

单总线（1-wire，或者 onewire），顾名思义就是使用一个数据线，它比 UART、

I2C、SPI 接口使用的信号更少，只需要 VCC、DQ、GND 三个信号。在极端情况下，甚至可以将 VCC 也省掉，可以通过 DQ 引脚提供电源。正因为单总线减少了物理引脚，因此通信上的时序要求就更加严格。

DS1820 的引脚图如图 10.2 所示。

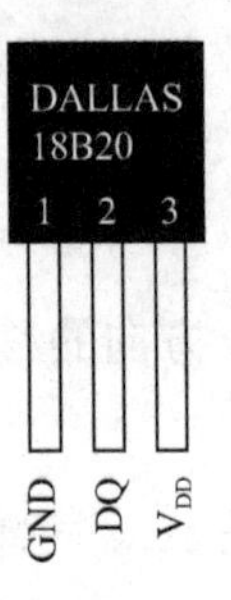

图 10.2 DS1820 引脚

为了方便测试，我们使用了连续三个 GPIO 来控制 DS1820。例如用 X1、X2、X3 三个引脚作为 DS1820 的控制，其中 X1 是 GND，X3 是 VCC，X2 是 DQ。图 10.3 显示两个 DS1820 连接到 X2 上。

图 10.3 pyboard 使用 DS1820

在 MicroPython 中，带有了单总线的驱动，可以很方便地驱动各种单总线器件，包括了温度传感器 DS1820。下面就详细演示在 pyboard 上 DS18B20/DS18S20 的使用方法。

首先在 MicroPython 的源码目录中，进入 drivers\onewire\目录，将目录下的

ds18x20.py 和 onewire.py 两个文件复制到 PYBFLASH 磁盘的根目录。复制文件后要安全退出磁盘，然后重新接入，或者用 Ctrl-D 软复位一次，使得文件生效。

然后输入下面代码，就可以读取温度值。

```
>>> from machine import Pin
>>> Pin("X1", Pin.OUT_PP).low()
>>> Pin("X3", Pin.OUT_PP).high()
>>>
>>> from ds18x20 import DS18X20
>>> ds = DS18X20(Pin('X2'))
>>> ds.read_temp()
32.30
>>> ds.read_temp()
32.375
>>>
```

用 d.read_temp()可以读取一个传感器的温度，默认第一个传感器。可以通过指定参数读取其他的传感器，如 d.read_temp(d.roms[1])可以读取第二个传感器；如果只有一个传感器，可以用 d.read_temp(rom=None)忽略地址，加快转换速度。

onewire 支持挂接多个传感器，用 d.read_temps()可以读取全部传感器的参数：

```
ds.read_temps()
[32.625, 32.375]
>>>
```

还可以查看总线上传感器的数量和每个传感器的 ROM 地址。

```
>>> ds.roms
[b'(RI\x11\x05\x00\x00\xc6', b'(\xff\xabTr\x15\x03\x8c')
```

注：

- 如果 DS1820 没有连接好就输入了 ds = DS18X20(Pin('X2'))命令，会因为没有搜索到器件而出错。

- 注意不要将 DS1820 的 VCC 和 GND 引脚接反，不然会损坏传感器。
- 为了增强驱动能力，可以在 DQ 和 VCC 之间并联一个电阻（特别在数据线很长时有必要）。
- 官方的 onewire 驱动是针对 PYBV10 的，如果使用其他开发板，特别是频率不同的开发板，可能需要修改 onewire.py 文件中 init()函数的延时参数，才能正常使用：

```
self.write_delays = (1, 40, 40, 1)
self.read_delays = (1, 1, 40)
```

10.4 温湿度传感器 DHT11

DHT11 是一种比较常见的温湿度传感器，它的接口简单，成本低，在创客和 DIY 中有广泛应用。DHT11 传感器的外形及引脚图如图 10.4 所示，实际使用时，只需要连接 VCC、DATA 和 GND 三个信号，第三脚是 NC，表示无须连接。

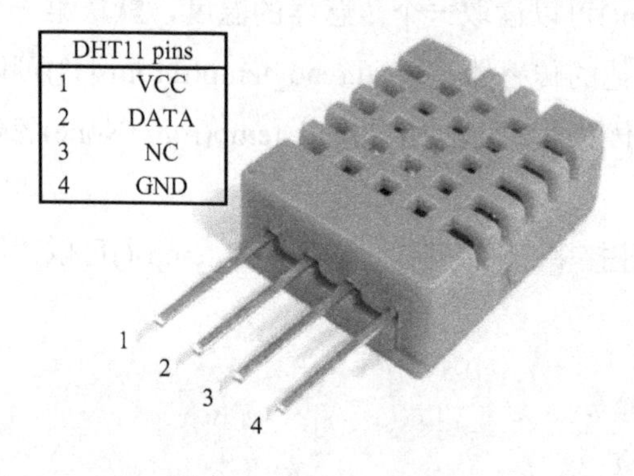

图 10.4 DHT11 引脚图

MCU 和 DHT11 之间通信只需要一个数据线，但是它并不是前面介绍的 onewire，和 onewire 也不兼容。此外在 DATA 与 VCC 之间需要加上拉电阻，大部分 DHT11 模块内部已经带有这个电阻，但如果只是传感器，就需要自己连接这个电阻。

在 ESP8266 中，已经带有了 dht 模块，它可以方便地驱动 DHT11/DHT22，读取传感器参数。图 10.5 演示了在 MicroPython 中 DHT11 的用法，假设 DATA

连接到了 GPIO16（连接到其他 GPIO 也是类似的，但是有些 GPIO 因为外部连接有上拉或下拉电阻，对 DHT11 的通信会有影响，这时可以换用其他 GPIO）。MP-ESP-01 开发板与 DHT11 模块连接示意图，如图 10.5 所示。

图 10.5　MP-ESP-01 开发板与 DHT11 模块连接示意图

连接后，输入下面代码就可以读取温度与湿度参数了。

```
>>> from machine import Pin
>>> import dht
>>> d = dht.DHT11(Pin(16))
>>> d.measure()
>>> d.temperature();d.humidity()
28
65
>>>
```

在上面程序中，我们首先导入 dht 模块和 Pin 模块，然后指定连接 DHT11 的 GPIO（这里是 GPIO16）。在读取参数前，需要先调用 measure()方法更新数据，再使用 temperature()和 d.humidity()就能够返回温度和湿度参数。

10.5　气压传感器 BMP180

BMP180 是一种常用的气压传感器，它体积小巧，接口简单（I2C 接口），使用方便，可以用在气象、GPS 增强、导航、PDA 等应用。BMP180 传感器功

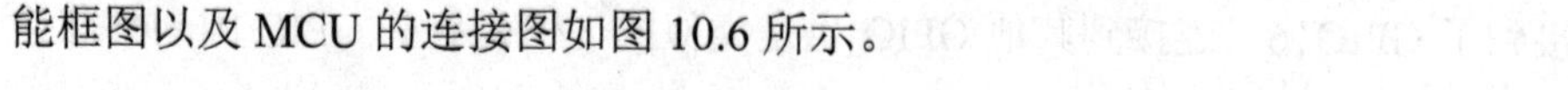

能框图以及 MCU 的连接图如图 10.6 所示。

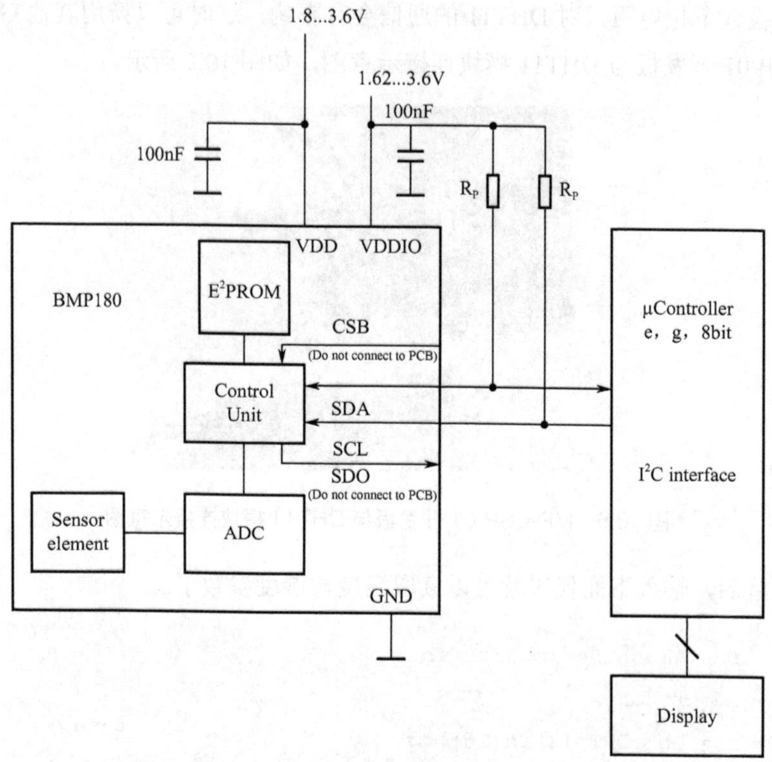

图 10.6　BMP180 传感器功能框图以及 MCU 的连接图

为了读取 BMP180 参数，我们需要将它连接到一个 I2C 接口上（软件和硬件 I2C 都可以）。例如，ESP-MP-01 开发板和 BMP180 可以这样如表 10.1 和图 10.7 所示方法连接。

表 10.1　BMP180 连线表

BMP180	PYB Nano
GND	GND
VCC	3V3
SDA	GPIO2
SCL	GPIO14

图 10.7　ESP8266 连接 BMP180

要读取参数，就需要通过 I2C 接口和 BMP180 芯片进行通信，设备地址是 0x77，通过寄存器可以读取数据，然后换算成气压、温度和高度。使用时首先需要读取内部的校正系数，再去读取参数寄存器。

● BMP180 的工作模式如表 10.2 所示。

表 10.2　BMP180 工作模式

模　式	参　数（oss）	内部采样次数	最长气压转换时间（ms）	平均功耗（uA）	RMS 噪声（hPa）	RMS 噪声（m）
低功耗	0	1	4.5	3	0.06	0.5
标准	1	2	7.5	5	0.05	0.4
高精度	2	4	13.5	7	0.04	0.3
超高精度	3	8	25.5	12	0.03	0.25

● 校正系数：

BMP180 内部有 22 个 EEPROM，用于存放校正系数。它的地址范围是 0xAA～0xBF。校正系数和寄存器的对应关系如表 10.3 所示。

表 10.3　BMP180 校正寄存器列表

参　数	BMP180 校正寄存器地址	
	MSB	LSB
AC1	0xAA	0xAB
AC2	0xAC	0xAD

续表

参　　数	BMP180 校正寄存器地址	
	MSB	LSB
AC3	0xAE	0xAF
AC4	0xB0	0xB1
AC5	0xB2	0xB3
AC6	0xB4	0xB5
B1	0xB6	0xB7
B2	0xB8	0xB9
MB	0xBA	0xBB
MC	0xBC	0xBD
MD	0xBE	0xBF

我们需要先读取这些参数，它们将用于后面的计算。一般情况下，不要随便改变这些参数，否则会影响计算结果。在必要的情况下，可以按照一定方法重新校正。读取校正寄存器后，就可以按照下面的方法读取温度和气压参数，并按照特定公式计算实际的温度和气压。

- 读取温度参数 UT

写入 0x2E 到寄存器 0xF4，延时 4.5ms 后，读取寄存器 0xF6（MSB）和 0xF7（LSB）。

```
UT = MSB << 8 + LSB
```

- 读取气压参数 UP

先写入 0x34+(OSS<<6)到寄存器 0xF4，延时后读取寄存器 0xF6（MSB），0xF7（LSB），0xF8（XLSB）。

```
UP = (MSB<<16 + LSB<<8 + XLSB) >> (8-oss)
```

（注：默认情况下 oss 参数是 0，也就是低功耗模式）

- 计算方法

因为气压和温度参数并不是线性的，需要经过一个复杂的换算才能得到最后的结果（下面是 C 语言的计算公式）：

温度

```
X1 = (UT −AC6) * AC5 / (2^15)
X2 = MC * 2^11 / (X1 + MD)
B5 = X1 + X2
T = (B5 + 8) / 16
```

气压

```
X1 = (B2 * (B6 * B6 / 2^12 )) / 2^11
X2 = AC2 * B6 / 2^11
X3 = X1 + X2
B3 = ((AC1*4+X3) << oss + 2) / 4
X1 = AC3 * B6 / 2^13
X2 = (B1 * (B6 * B6 / 2^12 )) / 2^16
X3 = ((X1 + X2) + 2) / 4
B4 = AC4 * (unsigend long)(X3 + 32768) / 2^15
B7 = ((unsigned long)UP -B3) * (50000 >> oss)
if (B7 < 0x80000000) { p = (B7 * 2) / B4 }
else { p = (B7 / B4) * 2 }
X1 = (p / 256) * (p / 256)
X1 = (X1 * 3038) / 2^16
X2 = (−7357 * p) / 2^16
p = p + (X1 + X2 + 3791) / 16
```

高度

高度可以通过气压进行简单换算，计算公式：

$$\text{altitude} = 44330 * \left(1 - \left(\frac{p}{p_0}\right)^{\frac{1}{5.255}}\right)$$

其中，p 是测量出的大气压，p_0 是 1013.25hPa，也可以通过查表法，比直接计算速度快。

为了方便大家使用，可以做成一个专用模块，这样使用起来就非常方便，可以直接在大部分系统中使用，少数系统需要修改 I2C 接口部分。

```
"""
  BMP180 传感器驱动

      http://www.micropython.org.cn/

  使用方法：
    在小 e 开发板上使用时需要先短连两个蓝色短路块

    from machine import I2C, Pin
    i2c=I2C(scl=Pin(14),sda=Pin(2))

    from bmp180 import BMP180
    b=BMP180(i2c)
    b.getTemp()
    b.getPress()
    b.getAltitude()

"""
import machine, time
from machine import I2C

BMP180_I2C_ADDR = const(0x77)

class BMP180():
    def __init__(self, i2c):
        self.i2c = i2c
        self.AC1 = self.short(self.get2Reg(0xAA))
        self.AC2 = self.short(self.get2Reg(0xAC))
        self.AC3 = self.short(self.get2Reg(0xAE))
        self.AC4 = self.get2Reg(0xB0)
        self.AC5 = self.get2Reg(0xB2)
        self.AC6 = self.get2Reg(0xB4)
        self.B1 = self.short(self.get2Reg(0xB6))
```

```
        self.B2 = self.short(self.get2Reg(0xB8))
        self.MB = self.short(self.get2Reg(0xBA))
        self.MC = self.short(self.get2Reg(0xBC))
        self.MD = self.short(self.get2Reg(0xBE))
        self.UT = 0
        self.UP = 0
        self.B3 = 0
        self.B4 = 0
        self.B5 = 0
        self.B6 = 0
        self.B7 = 0
        self.X1 = 0
        self.X2 = 0
        self.X3 = 0

    def short(self, dat):                 # 有符号短整数
        if dat > 32767:
            return dat -65536
        else:
            return dat

    def setReg(self, dat, reg):           # 设置寄存器
        buf = bytearray(2)
        buf[0] = reg
        buf[1] = dat
        self.i2c.writeto(BMP180_I2C_ADDR, buf)

    def getReg(self, reg):                # 读取一个寄存器
        buf = bytearray(1)
        buf[0] = reg
        self.i2c.writeto(BMP180_I2C_ADDR, buf)
        t = self.i2c.readfrom(BMP180_I2C_ADDR, 1)
        return t[0]
```

```
    def get2Reg(self, reg):                     # 读取连续两个寄存器
        a = self.getReg(reg)
        b = self.getReg(reg + 1)
        return a*256 + b

    def measure(self):                          # 启动测量
        self.setReg(0x2E, 0xF4)
        time.sleep_ms(5)
        self.UT = self.get2Reg(0xF6)
        self.setReg(0x34, 0xF4)
        time.sleep_ms(5)
        self.UP = self.get2Reg(0xF6)

    def getTemp(self):                          # 计算温度
        self.measure()                          # 先启动测量函数
        self.X1 = (self.UT -self.AC6) * self.AC5/(1<<15)
        self.X2 = self.MC * (1<<11) / (self.X1 + self.MD)
        self.B5 = self.X1 + self.X2
        return (self.B5 + 8)/160

    def getPress(self):                         # 计算大气压
        self.getTemp()                          # 先计算温度
        self.B6 = self.B5 -4000
        self.X1 = (self.B2 * (self.B6*self.B6/(1<<12))) / (1<<11)
        self.X2 = (self.AC2 * self.B6)/(1<<11)
        self.X3 = self.X1 + self.X2
        self.B3 = ((self.AC1*4+self.X3) + 2)/4
        self.X1 = self.AC3 * self.B6 / (1<<13)
        self.X2 = (self.B1 * (self.B6*self.B6/(1<<12))) / (1<<16)
        self.X3 = (self.X1 + self.X2 + 2)/4
        self.B4 = self.AC4 * (self.X3 + 32768)/(1<<15)
        self.B7 = (self.UP-self.B3) * 50000
```

```
        if self.B7 < 0x80000000:
            p = (self.B7*2)/self.B4
        else:
            p = (self.B7/self.B4) * 2
        self.X1 = (p/(1<<8))*(p/(1<<8))
        self.X1 = (self.X1 * 3038)/(1<<16)
        self.X2 = (-7357*p)/(1<<16)
        p = p + (self.X1 + self.X2 + 3791)/16
        return p

    def getAltitude(self):                    # 计算高度
        p = self.getPress()
        return (44330*(1-(p/101325)**(1/5.255)))
```

我们只要将 bmp180.py 模块导入，就可以读取气压、高度和温度参数了。如：

```
>>> from machine import I2C, Pin
>>> i2c=I2C(scl=Pin(14),sda=Pin(2))
>>>
>>> from BMP180 import BMP180
>>> bm=BMP180(i2c)
>>> bm.getTemp()
28.4668
>>> bm.getPress()
99646.28
>>> bm.getAltitude()
141.1185
>>>
```

10.6　用热敏电阻测温度

NTC 是 Negative Temperature CoeffiCient 的缩写，它是一种电阻值随着温度上升而降低的特殊材料。因为 NTC 材料的阻值会随着温度变化，同时它的成本低，稳定性好，所以它广泛应用在与温度相关的各种应用中，如冰箱、空调、热水器、电子万年历、锂电池温度保护等许多应用中，都使用了 NTC 热敏电阻。

NTC 热敏电阻的阻值与温度相关，温度越低，阻值越高。但是它的温度电阻曲线并不是线性的，它的近似计算公式如下：

$$RT = RT_0 * e^{(B*(1/T-1/T0)}$$

其中 RT、RT0 分别为温度 T、T_0 时的电阻值，T 和 $T0$ 的单位是绝对温度，B 为材料常数，而 $T0$ 通常取 25℃。所以只要知道了 $T0$、RT0、B，就可以计算出任意温度下的电阻值。反过来，如果知道了电阻值，就可以计算出对应的温度来。

图 10.8 是 NTC 热敏电阻的 *R-T* 曲线图。

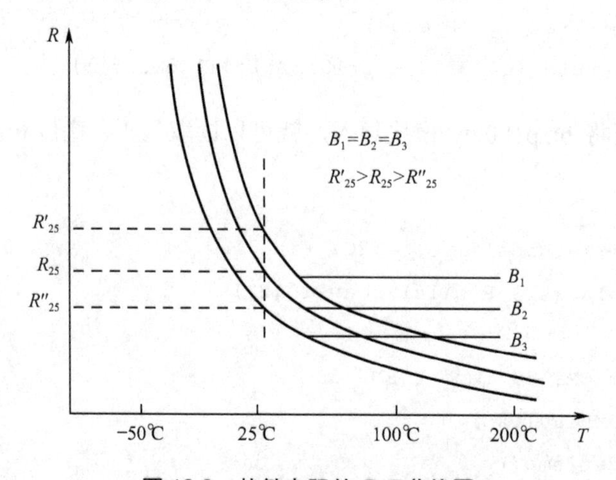

图 10.8　热敏电阻的 *R-T* 曲线图

实际使用中，经常将一个电阻和 NTC 串联，通过电压的分压就可以测量出 NTC 的电阻值，然后求出温度。

下面演示了在 STM32F746Disco 开发板上使用 NTC 测量温度的方法（假设已经将 MicroPython 固件写入了 STM32F746Disco 开发板，而固件可以到社区下载。如果没有这个开发板，也可以使用其他带有 ADC 输入的 MicroPython 开发板）。NTC 使用了常见的 NCP15XH103，它在 25℃时的电阻是 10kΩ（RT0=10kΩ，B=3380）。为了方便在 STM32F746-Disco 开发板上使用 NTC 温度传感器，先将一个 10kΩ电阻和 NTC 传感器焊接在一个排针上，然后将排针插到开发板的 Arduino 排座上（CN5 和 CN6）。这时 NTC 传感器连接在 CN5 的 A0 上（PA0），通过 PA0 的 ADC 获取参数，如图 10.9 和图 10.10 所示。

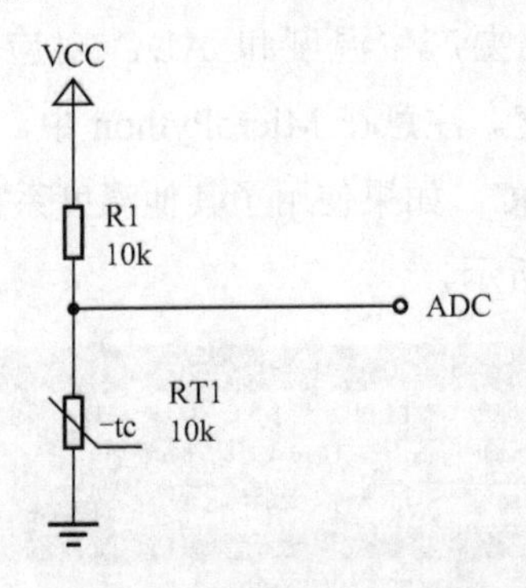

图 10.9　热敏电阻连接示意图

图 10.10　STM32F746Disco 开发板连接热敏电阻

通过 ADC 上的输入电压，就可以知道现在 NTC 的电阻值，从而反推出现在的温度。如果通过计算来得到温度，虽然精度较高，但是计算公式复杂，计算量大（需要进行对数运算），需要的时间较长，所以我们也经常使用查表法。

查表法就是先根据 ADC—电阻—温度的对应关系，产生 ADC 与温度的对应表。当需要计算温度时，通过 ADC 对应表的数据，就可以知道它对应的温度。表的步距越小，精度就越高，占用的空间就越大。使用查表法不但速度快，而且代码简单。查表法的原理和应用程序可以参考相关图书，这里就不重复了。

使用查表法，首先需要产生温度和 ADC 对应的表，产生一个-50℃～+70℃的表，每度一个数值。注意在 MicroPython 中，ADC 默认 12 位的，所以创建表时要选择 12 位 ADC。如果使用了其他温度系数的 NTC，可以用软件重新产生表格，如图 10.11 所示。

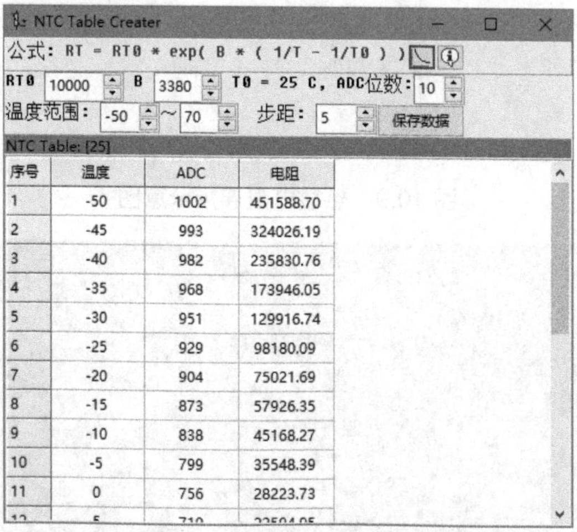

NTC Table Creater

公式：RT = RT0 * exp(B * (1/T - 1/T0))

RT0 10000 B 3380 T0 = 25 C, ADC位数: 10

温度范围: -50 ～ 70 步距: 5 保存数据

NTC Table: [25]

序号	温度	ADC	电阻
1	-50	1002	451588.70
2	-45	993	324026.19
3	-40	982	235830.76
4	-35	968	173946.05
5	-30	951	129916.74
6	-25	929	98180.09
7	-20	904	75021.69
8	-15	873	57926.35
9	-10	838	45168.27
10	-5	799	35548.39
11	0	756	28223.73

图 10.11　用软件计算数据表格

产生的数据如下（软件产生的数据是 C 语言格式的，需要适当修改，变为 Python 格式的）：

```
# Table for NTC: [ -50 -70 ]
NTC_TABLE = (
  4007, 4001, 3995, 3988, 3981,  # -50  - -46
  3973, 3965, 3957, 3948, 3939,  # -45  - -41
  3929, 3919, 3909, 3897, 3886,  # -40  - -36
  3873, 3860, 3847, 3833, 3818,  # -35  - -31
  3803, 3787, 3771, 3754, 3736,  # -30  - -26
  3717, 3698, 3678, 3658, 3636,  # -25  - -21
  3614, 3591, 3568, 3544, 3519,  # -20  - -16
  3493, 3467, 3439, 3411, 3383,  # -15  - -11
  3354, 3324, 3293, 3261, 3229,  # -10  - -6
  3197, 3163, 3130, 3095, 3060,  #  -5  - -1
```

```
    3024, 2988, 2952, 2915, 2877,   #  0  - 4
    2839, 2801, 2763, 2724, 2685,   #  5  - 9
    2645, 2606, 2566, 2526, 2486,   # 10  - 14
    2446, 2406, 2365, 2325, 2285,   # 15  - 19
    2245, 2206, 2166, 2126, 2087,   # 20  - 24
    2048, 2009, 1971, 1932, 1895,   # 25  - 29
    1857, 1820, 1783, 1747, 1711,   # 30  - 34
    1675, 1640, 1606, 1572, 1538,   # 35  - 39
    1505, 1473, 1441, 1409, 1378,   # 40  - 44
    1348, 1318, 1288, 1259, 1231,   # 45  - 49
    1203, 1176, 1149, 1123, 1098,   # 50  - 54
    1073, 1048, 1024, 1000,  977,   # 55  - 59
     955,  933,  911,  890,  869,   # 60  - 64
     849,  830,  810,  792,  773,   # 65  - 69
     755
)
```

然后，就可以利用这个表，使用下面程序测量温度了：

```
from pyb import Pin, ADC

adc = ADC(0)

def NTC():
    while True:
        d = adc.read()
        for i in range (len(NTC_TABLE) -1):
            if d > NTC_TABLE[i]:
                print('当前温度是: ', i-50, '℃)
                break;
        pyb.delay(1000)
```

运行结果如图 10.12 所示。

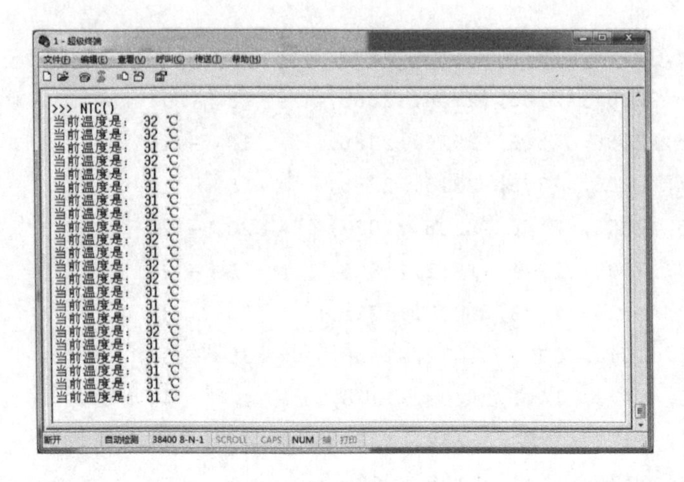

图 10.12　运行结果

10.7　在 SensorTile 上使用 MicroPython

ST 的 SensorTile 开发套件如图 10.13 所示，是 ST 公司为物联网、可穿戴应用而新设计的开发板，它的体积小巧，功能强大，在很小的空间中，集成了多种传感器、蓝牙、STM32L476 控制器，可以测量气压、运动、声音等多种信号。使用 STM32L476 控制器，可以兼顾性能和低功耗。

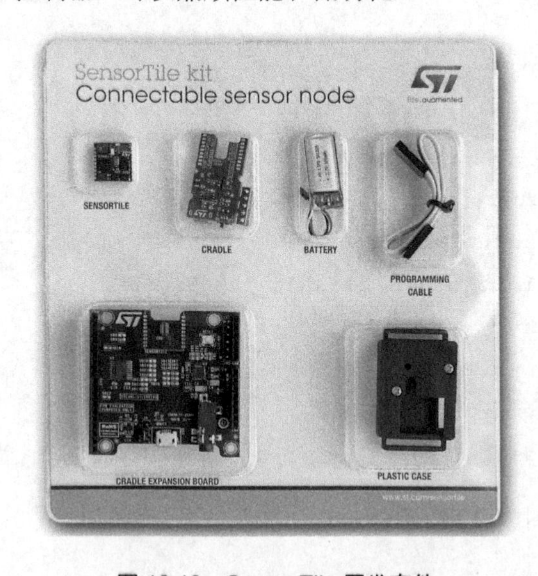

图 10.13　SensorTile 开发套件

整个开发套件由包含传感器和蓝牙的核心板、Arduino 接口扩展板、mini 扩展板、锂电池、调试排线和适合 mini 扩展板的塑料外壳组成。

SensorTile 的核心是传感器板，如图 10.14 所示。它的大小只有 13.5mm×13.5mm，在极小的空间中集成了多种功能：

- LSM6DSM 3D 加速度计+3D 陀螺仪
- LSM303AGR 3D 磁强计+3D 加速度计
- LPS22HB 压力传感器/气压计
- MP34DT04 数字 MEMS 麦克风
- STM32L476JGY 微控制器
- BlueNRG-MS 蓝牙控制器

图 10.14　传感器核心板

要在 SensorTile 上运行 MicroPython，需要首先自己移植固件（因为官方没有提供这个开发板的支持文件），其次就是移植各种传感器的驱动，下面将详细说明。并利用讲解在 SensorTile 上移植传感器驱动的过程，介绍 MicroPython 驱动程序的一般写法。

10.7.1 移植 MicroPython 固件

在 MicroPython 官方的支持开发板中，并没有 SensorTile，最接近的开发板是 NUCLEO_L476RG 和 STM32L476DISC，它们使用的控制器型号分别是 STM32L476RGT6 和 STM32L476VGT6。而 SensorTile 使用的控制器是 STM32L476JGY6，因此移植固件可以使用这两个开发板之一作为模板，通过修改配置参数实现固件的移植。下面是 STM32L476DISC 开发板的移植实例。

先创建一个 SensorTile 文件夹，并将 STM32L476DISC 中的全部文件复制过去。然后编辑文件 mpconfigboard.h，将 MICROPY_HW_BOARD_NAME 定义改为"SensorTile"，将 MICROPY_HW_LED1 修改为 pin_G12（在 SensorTile 上 LED 对应的是 PG12）。编译后就会发现提示错误，有管脚定义冲突。因为受空间限制，SensorTile 引出的 GPIO 很少，所以将 UART、I2C、SPI 定义中暂时不使用的都先删除，该修改的进行修改，保存后再次编译，这次没有提示引脚冲突了，而是提示 LED1 没有定义。查看数据手册，发现在 STM32L476RGT6 和 STM32L476VGT6 上正好没有 PORTG 端口。MicroPython 底层是使用 ST 的 HAL 进行开发的，因此不会而型号的变化造成底层 HAL 中出现端口没有定义的错误。这个问题应该还是在参数定义或者 MicroPython 源码中。而 MicroPython 在开发板的定义部分没有文档，只能自己慢慢查找，经过反复分析和研究，并经过多次测试，终于发现是需要在 pins.cvs 中定义 LED 的管脚，所有需要在 MicroPython 中使用的引脚、引脚的别名都需要在这里进行定义。引脚定义后，编译终于通过了。

SensorTile 上不带有 ST-Link 仿真器，因此不能直接下载程序。下载程序需要将 SensorTile 核心板连接到 Arduino 扩展板或者焊接到 mini 扩展板上，然后通过 ST Nucleo 开发板上的 ST-Link 下载程序。

使用 STM32 ST-LINK Utility 将编译好的 HEX 程序下载到 SensorTile 后（注意不能通过 DFU 方式下载，因为目前 DFU 程序对于 STM32L4 系列存在 bug，会造成下载后无法运行的问题，在 Linux 和 Windows 下都是如此），就可以正确识别出 pybflash 磁盘和串口，说明 MicroPython 已经可以运行。但是输入 pyb.LED(1).toggle()命令后，发现 LED 并没有变化，这说明 PORTG 并没有真正工作，虽然 MicroPython 可以运行，但是 LED 不能使用就带来很多不便，也说明移植还存在 bug。此外蓝牙也是通过 PORTG 进行驱动的，所以必须解决这个错误。在尝试了多种方法，并用 C++写了测试程序，深入分析后，最终找出了是因为在 STM32L476 中，PORTG 需要额外使用 VddIO2 才能驱动，而 MicroPython 中没有设置 VddIO2。具体的过程可以参考我在 EEWORLD 论坛写的帖子："【sensorTile】使用 Mbed 进行程序开发的问题及解决"。将相关代码加入到 MicroPython 的底层驱动后，LED 终于可以使用了。后来在我的建议下，官方代码中修复了这个问题，加入了对 STM32L476 芯片 PORTG 支持。

注：

- 代码编译的详细过程这里就不介绍了，这部分属于 MicroPython 进阶内容，将放在下一本书中详细介绍。
- 作者移植好的 SensorTile 固件（包括开发板支持文件）可以在 github 上下载：

https://github.com/shaoziyang/MicroPython_firmware/tree/master/SensorTile

开发板定义文件：

mpconfigboard.h

```
#define MICROPY_HW_BOARD_NAME       "SensorTile"
#define MICROPY_HW_MCU_NAME         "STM32L476JG"

#define MICROPY_HW_HAS_SWITCH       (0)
#define MICROPY_HW_HAS_FLASH        (1)
#define MICROPY_HW_HAS_SDCARD       (0)
#define MICROPY_HW_HAS_LCD          (0)
#define MICROPY_HW_ENABLE_RTC       (1)

// MSI is used and is 4MHz
#define MICROPY_HW_CLK_PLLM         (1)
#define MICROPY_HW_CLK_PLLN         (40)
#define MICROPY_HW_CLK_PLLR         (2)
#define MICROPY_HW_CLK_PLLP         (7)
#define MICROPY_HW_CLK_PLLQ         (4)
```

```
// UART config
#define MICROPY_HW_I2C_BAUDRATE_TIMING  {{100000, 0x90112626}}
#define MICROPY_HW_I2C_BAUDRATE_DEFAULT 100000
#define MICROPY_HW_I2C_BAUDRATE_MAX     100000

#define MICROPY_HW_FLASH_LATENCY    FLASH_LATENCY_4

// I2C busses
#define MICROPY_HW_I2C3_SCL (pin_C0)
#define MICROPY_HW_I2C3_SDA (pin_C1)

// SPI busses
#define MICROPY_HW_SPI2_NSS     (pin_B12)
#define MICROPY_HW_SPI2_SCK     (pin_B13)
#define MICROPY_HW_SPI2_MISO    (pin_B14)
#define MICROPY_HW_SPI2_MOSI    (pin_B15)

#define MICROPY_HW_SPI3_NSS     (pin_G12)
#define MICROPY_HW_SPI3_SCK     (pin_G9)
#define MICROPY_HW_SPI3_MISO    (pin_G10)
#define MICROPY_HW_SPI3_MOSI    (pin_G11)

// USRSW is pulled low. Pressing the button makes the input go high.
// LEDs
#define MICROPY_HW_LED1             (pin_G12) // orange LED
#define MICROPY_HW_LED_ON(pin)      (mp_hal_pin_high(pin))
#define MICROPY_HW_LED_OFF(pin)     (mp_hal_pin_low(pin))
```

10.7.2 传感器驱动

移植固件只是第一步，因为它只包含了最基本的功能，是一个不支持任何传感器的纯系统，使用起来不方便。因此下一步就是移植传感器的驱动到SensorTile上，这样就可以方便地获取传感器的数据。

1. 传感器接口

要移植传感器，首先需要确定的是传感器的通信接口。我们先查看 SensorTile 开发板传感器部分的原理图，如图 10.15 所示。SensorTile 微控制器部分原理图如图 10.16 所示。

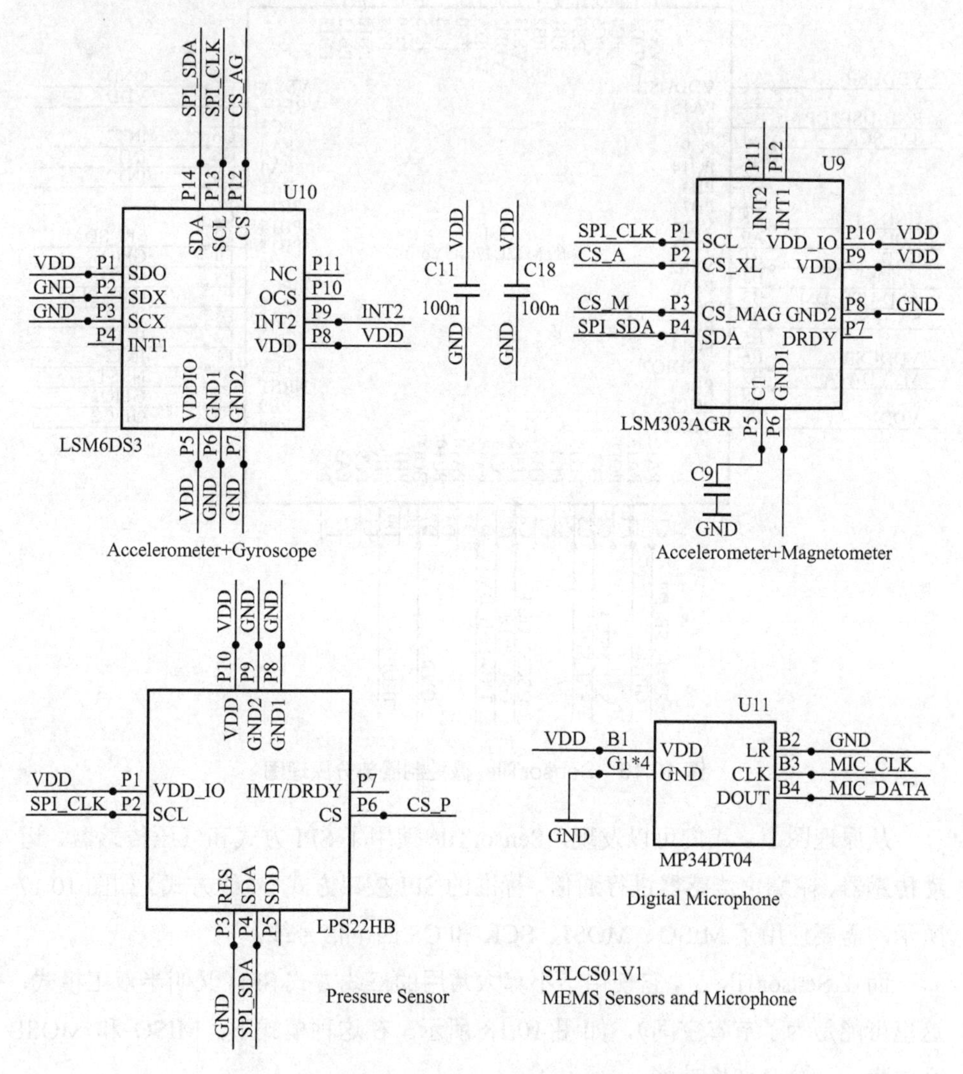

图 10.15　SensorTile 开发板传感器部分原理图

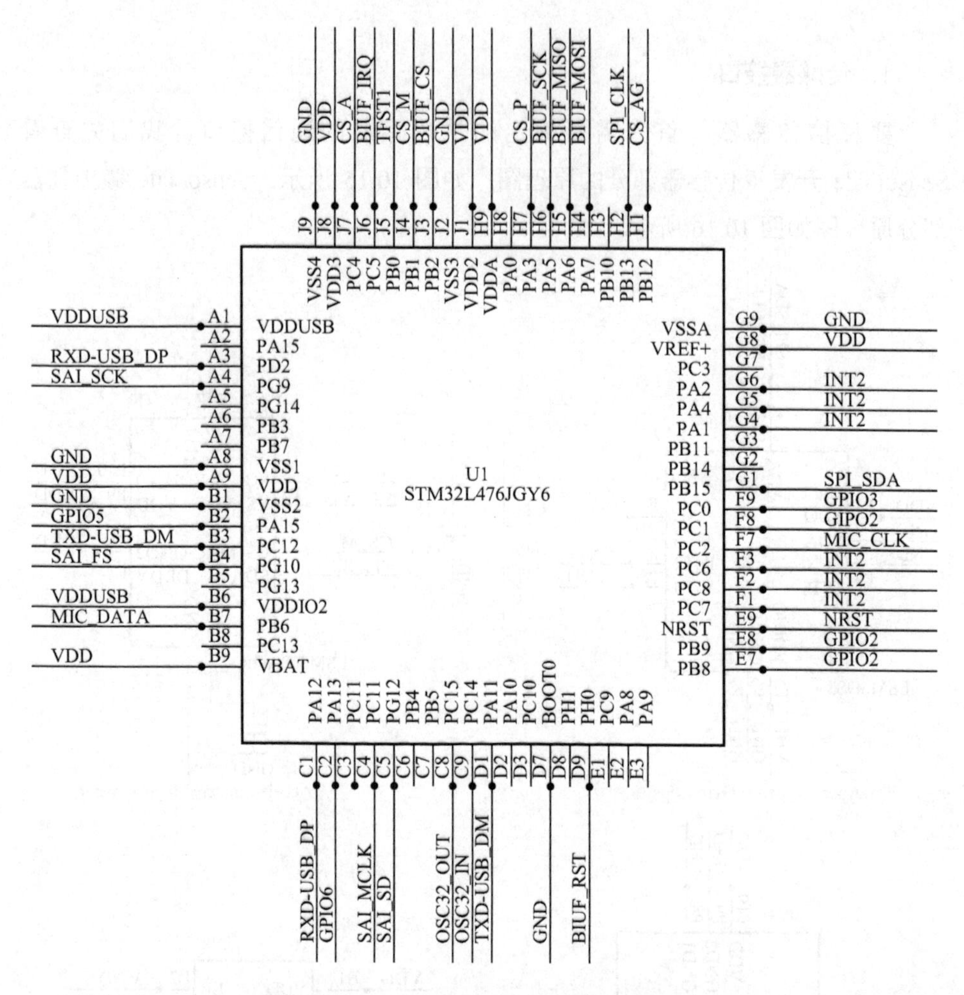

图 10.16　SensorTile 微控制器部分原理图

从原理图上，我们可以发现，SensorTile 使用了 SPI 方式和气压传感器、运动传感器、陀螺仪传感器进行通信。标准的 SPI 接口方式（4 线方式）如图 10.17 所示，需要使用了 MISO、MOSI、SCK 和 CS 四个信号线。

而在 SensorTile 上，它使用了不算太常用的三线方式 SPI（又叫半双工模式，这里可能是为了节省空间），如图 10.18 所示。在这种模式下，MISO 和 MOSI 合二为一，分时切换功能。

但不幸的是 MicroPython 目前还不支持半双工的 SPI 接口方式（硬件 SPI 和软件 SPI 方式都不支持三线方式），因此要用 SPI 方式驱动传感器就只能自己通过软件模拟，这不但增加了软件的复杂性，同时速度也会比较慢。

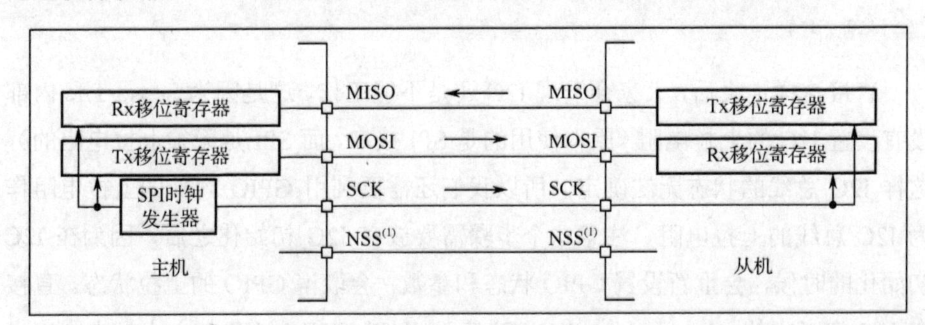

图 10.17　STM32 标准 SPI 连接框图

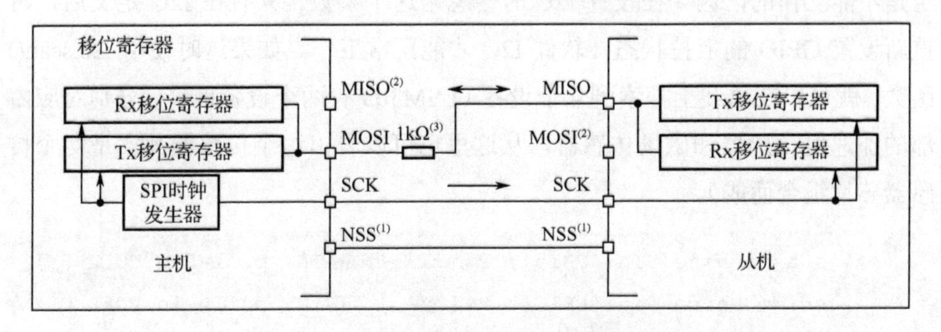

图 10.18　STM32 三线方式 SPI 连接框图

幸好 LSM6DSM、LSM303AGR、LPS22HB 等传感器同时支持 SPI 和 I2C 两种接口方式，既可以用 SPI 方式通信，也可以用 I2C 方式通信。在传感器的 CS 信号是高电平时 I2C 方式有效，在 CS 信号是低电平时，SPI 方式有效。因此只要我们将 CS 保持为高电平，就可以使用 I2C 方式通信。因为核心板上 SPI_SDA（PB15）和 SPI_CLK（PB13）引脚并不是硬件 I2C 接口，所以需要用软件 I2C 方式。好在 MicroPython 底层对软件 I2C 方式支持得非常好，使用方法也是和硬件 I2C 一样，速度也不慢（软件 I2C 是在 micropyton 系统底层用 C 语言实现的，比用 Python 去模拟软件 SPI 速度快很多）。

为了使用软件 I2C，我们需要使用前面介绍的 machine 模块，将 id 设置为 -1，最后再指定 sda 和 scl 信号使用的引脚，以后使用起来和硬件 I2C 没有什么区别了。

```
import machine
```

```
i2c = machine.I2C(-1, sda=machine.Pin('PB15'), scl=machine.
Pin('PB13'))
```

直接这样定义后，大家会发现 I2C 还是不能工作，这是因为 SensorTile 内部没有设置 I2C 的上拉电阻（原本使用的是 SPI 接口，而 SPI 是无须上拉电阻的），这样 I2C 总线的状态无法确定，所以我们还需要利用 GPIO 内部的上拉电阻作为 I2C 总线的上拉电阻。注意这个步骤需要放在 I2C 初始化之后，因为在 I2C 初始化的时候，会重新设置 GPIO 状态和参数，会取消 GPIO 的上拉状态。直接在 I2C 定义中的 sda=machine.Pin('PB15', pull=Pin.PULL_UP)加入上拉电阻定义也是不能工作的，因为在设置 I2C 时会忽略这个参数。只有在 I2C 定义后，再重新设置 GPIO 的上拉状态，软件 I2C 才能正常工作。如果这时使用 i2c.scan()函数，就可以在总线上搜索到 4 个设备（LSM303 有两个设备地址，分别对应内部的加速度传感器和磁场传感器，从这里也可以看出这个传感器其实是两个传感器芯片组合而成）。

```
>>> sda=machine.Pin('PB15', Pin.OPEN_DRAIN, pull=Pin.PULL_UP)
>>> scl=machine.Pin('PB13', Pin.OPEN_DRAIN, pull=Pin.PULL_UP)
>>> i2c.scan()
[25, 30, 93, 107]
```

2. 传感器寄存器

经过上述操作，接口部分可以工作了，下一步就是驱动传感器了。传感器的各种功能都是通过读取或设置内部的寄存器来实现的，所以首先我们需要了解传感器的内部寄存器。以 LPS22HB 气压传感器为例，它的寄存器列表如表 10.4 所示。

表 10.4　LPS22HB 主要寄存器列表

名　称	类　型	寄存器地址	默　认	功能和说明
		Hex	Binary	
Reserved		00-0A		Reserved
INTERRUPT_CFG	R/W	0B	00000000	
THS_P_L	R/W	0C	00000000	
THS_P_H	R/W	0D	00000000	

续表

名　称	类　型	寄存器地址	默　认	功能和说明
		Hex	Binary	
Reserved		0E		Reserved
WHO_AM_I	R	0F	10110001	Who am I
CTRL_REG1	R/W	10	00000000	
CTRL_REG2	R/W	11	00010000	
CTRL_REG3	R/W	12	00000000	Interrupt control
Reserved		13	—	Reserved
FIFO_CTRL	R/W	14	00000000	
REF_P_XL	R/W	15	00000000	
REF_P_L	R/W	16	00000000	
REF_P_H	R/W	17	00000000	
RPDS_L	R/W	18	00000000	
RPDS_H	R/W	19	00000000	
RES_CONF	R/W	1A	00000000	
Reserved		1B-24	—	Reserved
INT_SOURCE	R	25	—	
FIFO_STATUS	R	26	—	
STATUS	R	27	—	
PRESS_OUT_XL	R	28	—	
PRESS_OUT_L	R	29	—	
PRESS_OUT_H	R	2A	—	
TEMP_OUT_L	R	2B	—	
TEMP_OUT_H	R	2C	—	
Reserved		2D-32	—	Reserved
LPFP_RES	R	33	—	

每一个寄存器都有一个地址，寄存器的数据都是 8 位的，通过寄存器地址就能读写寄存器。可以设置传感器功能、读取气压、温度参数。除去保留的寄存器（Reserved）外，真正用到的寄存器有二十多个。大部分寄存器是可以读写的（R/W），部分寄存器是只读的（R）。如果按照功能进行划分，一个传感器的寄存器大致可以分为下面几类：

- 功能设置寄存器
- 传感器状态寄存器
- 参数输出寄存器

功能设置寄存器可以设置传感器的工作模式、参数输出频率、参数范围、中断等参数，只有设置了正确的参数后，传感器才能工作。在上电/复位后，我们也需要先设置功能寄存器（初始化），否则传感器是没有输出的，因为默认情况下传感器为了省电处于掉电模式（Power down）。

状态寄存器通常是只读的，可以通过它查询传感器当前的状态或者某种标志位。特别在中断工作模式下，需要通过状态寄存器查询发生的中断。

参数输出就是传感器的输出，如气压、温度等参数。很多参数使用了双字节甚至更多字节，需要读取后再组合起来使用。

因为寄存器较多，所以我们只介绍主要使用到的传感器，其他传感器大家可以慢慢研究（寄存器说明请见 LPS22HB 数据手册的第 9 节：Register description）。

- 设备识别寄存器：WHO_AM_I (0Fh)

可以用来识别芯片的型号。这个寄存器是只读的，输出是 0xB1，也就是十进制的 177。

- 控制寄存器：CTRL_REG1 (10h)

这是最重要的一个寄存器，主要参数都在这里设置其定义如表 10.5 所示。

表 10.5　CTRL_REG1 寄存器定义

7	6	5	4	3	2	1	0
0	ODR2	ODR1	ODR0	EN_LPFP	LPFP_CFG	BDU	SIM

ODR 代表采样频率，当 ODR=0 时，传感器进入掉电模式，设置成其他参数时，传感器就按照指定频率开始采样。因此，我们首先需要设置 ODR 寄存器，让传感器启动。ODR 参数说明如表 10.6 所示。

表 10.6　ODR 参数说明

ODR2	ODR1	ODR0	压力变化的频率（Hz）	温度变化的频率（Hz）
0	0	0	Power down/one-shot mode enabled	
0	0	1	1Hz	1Hz

续表

ODR2	ODR1	ODR0	压力变化的频率（Hz）	温度变化的频率（Hz）
0	1	0	10Hz	10Hz
0	1	1	25Hz	25Hz
1	0	0	50Hz	50Hz
1	0	1	75Hz	75Hz

EN_LPFP 代表使用内部低通滤波器，默认关闭的。

LPFP_CFG 是低通滤波器带宽设置，它需要和 EN_LPFP 配合使用。

BDU 是 Block data update 的缩写，它代表只有读取输出数据后才更新寄存器。

SIM 是在 SPI 模式时选择 3 线/4 线 SPI 方式，在这里可以忽略它。

● 气压寄存器

气压参数由三个寄存器组成，分别是 PRESS_OUT_XL (28h)、PRESS_OUT_L (29h)、PRESS_OUT_H (2Ah)。气压参数寄存器说明如表 10.7 所示。

表 10.7　气压参数寄存器说明

PERSS_OUT_XL (28h)

压力参数低字节(LSB)

7	6	5	4	3	2	1	0
POUT7	POUT6	POUT5	POUT4	POUT3	POUT2	POUT1	POUT0

PERSS_OUT_L (29h)

压力参数中间字节(mid part)

7	6	5	4	3	2	1	0
POUT15	POUT14	POUT13	POUT12	POUT11	POUT10	POUT9	POUT8

PERSS_OUT_H (2Ah)

压力参数高字节(MSB)

7	6	5	4	3	2	1	0
POUT23	POUT22	POUT21	POUT20	POUT19	POUT18	POUT17	POUT16

气压的计算方法是：

气压=(PRESS_OUT_H*65536+PRESS_OUT_L*256+PRESS_OUT_XL)/4096

就是将三个寄存器的值组合起来，然后除以 4096。如果精度要求不高，也可以只取 PRESS_OUT_H 和 PRESS_OUT_L，然后除以 16。气压传感器的精度是±0.1hPa，所以保留一位小数就可以了。

如果希望通过气压计算高度，通常是用查表计算或者用特定公司换算。因为气压容易受到温度、湿度、风力等多个条件影响，通过气压计算的绝对高度的误差较大，所以通常用于测量相对高度（高度变化）。

● 温度寄存器

温度参数由两个寄存器组成。温度参数寄存器说明如表 10.8 所示。

表 10.8　温度参数寄存器说明

TEMP_OUT_L (2Bh)

温度参数低字节(LSB)

7	6	5	4	3	2	1	0
TOUT7	TOUT6	TOUT5	TOUT4	TOUT3	TOUT2	TOUT1	TOUT0

TEMP_OUT_L (2Ch)

温度参数高字节(MSB)

7	6	5	4	3	2	1	0
TOUT15	TOUT14	TOUT13	TOUT12	TOUT11	TOUT10	TOUT9	TOUT8

温度的计算方法是：

温度= (TEMP_OUT_H*256 + TEMP_OUT_L) / 100

考虑到低于 0° 时是负数，所以需要将这个参数作为有符号数处理。温度传感器的精度是±1.5℃。

如果没有特殊要求，使用上述几个寄存器就可以实现基本的数据采集功能。如果希望进一步降低功耗、改变模式、使用中断、使用 FIFO、使用参考值等功能，还需要进一步设置其他寄存器。

3. 程序移植

前面介绍了传感器的接口、主要寄存器、参数计算等方面的内容，下面就介绍用 MicroPython 驱动 LPS22HB 的方法。

为了让程序具有通用性，以及系统模块化的要求，我们将为 LPS22HB 单独建立一个 Module（模块），这样也方便其他程序使用。在 Python 语言中，一个 Module 和 C++的子程序差不多，里面可以包含多个对象（class），每个对象提供一系列函数或方法。但是 Python 语言没有 C++那么复杂，它也不是面向对象的语言，使用起来简单得多。一个模块的典型结构如下：

```
class
  |--__init__()
  |--func1()
  |--func2()
  |--……

class

class

func

……
```

一个 Python 模块通常由若干 class 和函数组成，每个 class 下又由多个函数组成。其中比较特殊的是__init__()函数（注意前后各有两个下划线），它类似 C++的构造函数初始化，在定义 class 变量后就会自动调用它下面的__init__()函数，默认需要进行初始化的内容都要放在这个函数中。此外，class 下的每个函数在定义时的默认第一个参数都是 self，但是实际调用时并不需要使用它，self 参数由 Python 系统内部使用（更多关于 Python 语法部分的内容，请大家参考 Python 的相关教程或者参考书）。

对于 LPS22HB 传感器，我们先定义一个基本的 LPS22HB 类：

```
class LPS22HB(object):
    def __init__(self):
        xxxx

    def func1():
        xxxx
```

```
    def func2():
        xxxx
```

然后将初始化、其他功能函数、常数声明等逐步添加进去，最后就是一个完整的 LPS22HB 的驱动了。

在定义 class 和函数之前，我们先定义 LPS22HB 的相关寄存器、引脚和 I2C 地址，方便后面的程序使用。为了增加程序的可读性和可维护性，我们将寄存器的名称定义为常量，并且将它放在 class 的前面，这类似于 C 语言中的#define。在寄存器名称前面还加上 LPS22HB 前缀，这样可以在一个 Module 中存在多个芯片定义时防止和其他芯片的定义相冲突。

```
# pin
LPS22HB_CS_PIN = 'PA3'

# LPS22HB register
LPS22HB_ADDRESS      = const(0x5D)
LPS22HB_INTERRUPT_CFG= const(0x0B)
LPS22HB_THS_P_L      = const(0x0C)
LPS22HB_THS_P_H      = const(0x0D)
LPS22HB_WHO_AM_I     = const(0x0F)
LPS22HB_CTRL_REG1    = const(0x10)
LPS22HB_CTRL_REG2    = const(0x11)
LPS22HB_CTRL_REG3    = const(0x12)
LPS22HB_FIFO_CTRL    = const(0x14)
LPS22HB_REF_P_XL     = const(0x15)
LPS22HB_REF_P_L      = const(0x16)
LPS22HB_REF_P_H      = const(0x17)
LPS22HB_RPDS_L       = const(0x18)
LPS22HB_RPDS_H       = const(0x19)
LPS22HB_RES_CONF     = const(0x1A)
LPS22HB_INT_SOURCE   = const(0x25)
LPS22HB_FIFO_STATUS  = const(0x26)
LPS22HB_STATUS       = const(0x27)
```

```
    LPS22HB_PRESS_OUT_XL = const(0x28)
    LPS22HB_PRESS_OUT_L  = const(0x29)
    LPS22HB_PRESS_OUT_H  = const(0x2A)
    LPS22HB_TEMP_OUT_L   = const(0x2B)
    LPS22HB_TEMP_OUT_H   = const(0x2C)
    LPS22HB_LPFP_RES     = const(0x33)
```

然后实现初始化部分。在__init__()函数中，先添加 GPIO 的功能，将 CS 的 GPIO 设置为输出，并设置为高电平，这样才能让芯片工作在 I2C 模式：

```
    # set CS high
    CS_LPS22HB = Pin(LPS22HB_CS_PIN, Pin.OUT)
    CS_LPS22HB(1)
```

再添加 I2C 初始化部分的代码：

```
    # soft I2C
    self.i2c = machine.I2C(-1, sda=machine.Pin('PB15'), scl=machine.
Pin('PB13'))
    # set open drain and pull up
    sda=machine.Pin('PB15', Pin.OPEN_DRAIN, pull=Pin.PULL_UP)
    scl=machine.Pin('PB13', Pin.OPEN_DRAIN, pull=Pin.PULL_UP)
```

接下来需要设置 LPS22HB 的 CTRL1_REG 寄存器，这样可以让 LPS22HB 处于工作模式（默认低功耗模式）：

```
    # start LPS22HB
    self.setreg(0x18, LPS22HB_CTRL_REG1, LPS22HB_ADDRESS)
    self.temp0 = 0
    self.press = 0
    self.LPS22HB_ON = True
```

self.temp0、self.press、self.LPS22HB_ON 是内部变量，用于后面的参数计算和状态设置。它们不是必须的，这里定义它们主要是为了方便同一模块下其他函数使用。

初始化部分完成后，就是添加其他功能函数了。大家可以发现在上面的初始化部分我们使用了一个设置寄存器的函数 setreg()，这是因为设置和读取寄存器是一个通用性的操作，所以我们将寄存器的操作也设置成函数，方便将底层和应用层分离。为了方便读取参数，我们还设置了一个读取两个相邻寄存器的函数 get2reg，这个函数没有使用传感器自动递增寄存器地址的功能，是因为在传感器的 BUD 模式下，地址自动递增的功能是无效的，为了让程序有更好的兼容性，所以稍微牺牲了一点性能。

```
# 设置寄存器
# dat：要设置的寄存器参数
# reg：寄存器地址
# addr：芯片地址
# 无返回参数
def setreg(self, dat, reg, addr):
    buf = bytearray(2)
    buf[0] = reg
    buf[1] = dat
    self.i2c.writeto(addr, buf)

# 读取一个寄存器
# reg：寄存器地址
# addr：芯片地址
# 返回寄存器参数
def getreg(self, reg, addr):
    buf = bytearray(1)
    buf[0] = reg
    self.i2c.writeto(addr, buf)
    t = self.i2c.readfrom(addr, 1)
    return t[0]

# 读取两个连续寄存器
# reg：寄存器低位地址
# addr：芯片地址
# 返回寄存器参数，低位在前
```

```
    def get2reg(self, reg, addr):
        l = self.getreg(reg, addr)
        h = self.getreg(reg+1, addr)
        return l+h*256
```

前面的寄存器操作、初始化等可以看成是做准备工作。准备工作完成了，就是具体传感器的操作了。我们使用传感器最重要的目的就是需要获得传感器的参数，因此再定义两个函数，一个用于获取气压，一个获取温度。计算温度时，需要考虑到负数的情况（零下），在参数大于 0x7FFF 时就代表是负数（也就是 C 语言下寄存器的最高位是 1）。

```
    # 获取温度
    def LPS22HB_temp(self):
        self.temp0 = self.get2reg(LPS22HB_TEMP_OUT_L, LPS22HB_ADDRESS)
        if(self.temp0 > 0x7FFF):
            self.temp0 -= 65536
        return self.temp0/100

    # 获取气压
    def LPS22HB_press(self):
        self.press = self.getreg(LPS22HB_PRESS_OUT_XL, LPS22HB_ADDRESS)
        self.press += self.get2reg(LPS22HB_PRESS_OUT_L, LPS22HB_ADDRESS)
* 256
        return self.press/4096
```

气压函数是先读取三个寄存器的参数，然后将总的结果除以 4096，气压的计算公式在前面已经介绍过了。而温度函数稍微麻烦一点，因为存在负数的问题。在 Python 语言中不像 C 语言那样可以自动进行类型转换，寄存器的参数不能直接转换为负数，需要自己判断和转换。因为这里是一个双字节的数据，最高位就是符号位，因此如果数据大于 0x7FFF 或者最高位是 1，那么就认为它是负数。

另外在一些情况下，需要同时读取温度和气压两个数据，所以我们可以将两个参数放到一个函数中，通过一个列表返回。这里可以直接将前面两个函数放在 return 的列表中。

```
def LPS22HB(self):
    return [self.LPS22HB_temp(), self.LPS22HB_press()]
```

最后，为了降低功耗，我们还需要增加两个功耗管理函数，可以让传感器进入低功耗模式和恢复正常工作模式：

```
def LPS22HB_poweron(self):
    t = self.getreg(LPS22HB_CTRL_REG1, LPS22HB_ADDRESS) & 0x0F
    self.setreg(t|0x10, LPS22HB_CTRL_REG1, LPS22HB_ADDRESS)
    self.LPS22HB_ON = True

def LPS22HB_poweroff(self):
    t = self.getreg(LPS22HB_CTRL_REG1, LPS22HB_ADDRESS) & 0x0F
    self.setreg(t, LPS22HB_CTRL_REG1, LPS22HB_ADDRESS)
    self.LPS22HB_ON = False
```

在掉电模式下（Power down），传感器的最低功耗是 1μA。其实 LPS22HB 的功耗也不高，在 ODR 和 LC_EN 都是 1 时也只有 3μA。

完成上面的工作后，我们就实现了一个最基本的 LPS22HB 驱动。我们可以把它保存到一个 LPS22HB.py 文件中，然后用下面的方法使用它：

```
>>> from LPS22HB import LPS22HB
>>> lp=LPS22HB()
>>> lp.LPS22HB_temp()
16.17
>>> lp.LPS22HB_press()
1025.827
>>> lp.LPS22HB()
[16.14, 1025.839]
```

如果用 dir(LPS22HB)，可以查看 LPS22HB 模块中包含的全部函数。

```
>>> dir(LPS22HB)
['__qualname__', 'LPS22HB_poweron', '__module__', 'LPS22HB_press',
```

```
'LPS22HB_temp', 'LPS22HB', 'getreg', 'setreg', 'get2reg', 'LPS22HB_
poweroff', '__init__']
```

如果想进一步完善 LPS22HB 驱动、增加功能、使用中断（在 SensorTile 上不能使用中断功能，因为传感器的中断输出没有连接到 STM32 控制器上）等，可以在前面基础上进行改进。另外两个传感器 LSM6DSM 和 LSM303AGR 的移植方法也是类似的，只是寄存器名称和计算方法不同，大家可以在 github 上查看完整的项目文档，这里就不重复了。

10.7.3 使用 SensorTile 制作开源智能怀表项目

这是本书作者参加在 EEWORLD 社区举行的“意法半导体 AMG SensorTile 开发大赛”活动时的作品，最终效果如图 10.19 所示。

图 10.19 智能怀表实物图

ST SensorTile 智能怀表，已经实现了基本的显示、数据读取、时间、电源管理等功能，下一步还将自动记录数据和分析数据，并通过蓝牙上传。

它的创新点在于完全使用了 MicroPython 进行软件开发，并将 SensorTile 安装到了怀表中，在小巧的空间中实现完整的怀表功能。使用 MicroPython 读取 SensorTile 传感器，并在 OLED 上显示出来。怀表的按钮除了可以开盖，也兼作唤醒开关和功能切换键，每按一次切换一个功能界面，长按将自动复位（就像计算机和手机的长按电源键关机）。如果一段时间没有任何操作，怀表将自动进入低功耗模式。USB 接口除了可以作为 MicroPython 的程序下载接口，还可以给电池充电。

程序的主要界面包括：

- 时间；
- 传感器基本数据；
- 气压传感器详细数据；
- 加速度传感器详细数据；
- 陀螺仪传感器详细数据。

OLED 也使用 I2C 方式驱动，为了方便连接，使用了 PC0/PC1 两个 GPIO。OLED 使用了 MicroPython 的 SSD1306 模块（参考前面的介绍），因为 MicroPython 自带的显示字体是 8×8 点阵的，比较小，所以修改了 SSD1306 驱动，增加了 8×16 点阵的字库和驱动。增加的函数如下，详细代码请参考 github 上的完整项目。

```
# 显示 8x8 点阵字符串
def puts(self, s, x, y):
    self.framebuf.fill_rect(x, y, 8*len(s), 8, 0)
    self.text(s, x, y)

# 显示一个字符 8x16 点阵
def char(self, ch, x, y):
    n = ord(ch) -0x20
    for i in range(8):
        d = ascfont.font[n*16 + i]
        for j in range(8):
            self.pixel(x+i, y+8-j, d &(1<<j))
    for i in range(8):
        d = ascfont.font[n*16 + 8 + i]
        for j in range(8):
            self.pixel(x+i, y+16-j, d &(1<<j))

# 显示 8x16 字符串
def msg(self, s, x, y):
```

```
        for i in range(len(s)):
            self.char(s[i], x+8*i, y)
```

使用前需要先通过接口板将 MicroPython 固件下载到 SensorTile 中，然后才可以通过 MicroPython 编程。下载固件时，需要注意不能使用 USB 接口的 dfu 方式，因为目前的 dfu 工具对于 STM32L476 存在问题，下载后的程序不完整，不能运行。目前可以通过 STLink 和 STM32 ST-LINK Utility 进行下载。

主程序如下（main.py）：

```
# SensorTile Poket watch
# by shaoziyang 2017
# http://www.micropython.org.cn
# https://github.com/shaoziyang/SensorTilePocketWatch

import pyb
from st import SensorTile
from pyb import Timer, Pin, ExtInt, RTC
from micropython import const
import baticon

SLEEPCNT = const(18)                    #自动休眠时间
SW_PIN = 'PG11'                         #按键引脚
VUSB_PIN = 'PG10'                       #USB 检测引脚

st = SensorTile()

from machine import I2C
i2c=machine.I2C(-1, sda=machine.Pin("C1"), scl=machine.Pin("C0"),
freq=400000)

from ssd1306 import SSD1306_I2C     #OLED
oled = SSD1306_I2C(128, 64, i2c)

oled.framebuf.rect(0,0,127,63,1)    #绘制边框
```

```
oled.msg('Pocket',40,8)                 #显示开机信息
oled.msg('Watch',44,28)
oled.text('MPY SensorTile', 8, 48)
oled.show()
pyb.delay(1000)
oled.fill(0)
oled.show()

flag = 1
sleepcnt = SLEEPCNT
keypressed = 0
keycnt = 0
page = 0

def rtcisr(t):                          #RTC 回调函数
    pyb.LED(1).toggle()
    return

rtc=RTC()
#rtc.init()
rtc.wakeup(1000, rtcisr)

def tmisr(t):                           #定时器回调函数
    global flag
    flag = 1

tm = Timer(1, freq=1, callback=tmisr)

def show_bat():                         #显示电池电压
    oled.puts('%4.2fV'%st.BatVolt(), 16, 56)
    oled.puts('%2d'%sleepcnt, 112, 56)
    oled.show()
```

```
def show_press(page):                          #显示气压
    if(page==1):
        oled.puts('%8.3f'%st.P(), 64, 0)
    elif(page==2):
        oled.msg('%8.3f'%st.P(), 48, 20)
        oled.msg("%5.1fC"%st.T(), 72, 36)

def show_temp():                               #显示温度
    oled.puts("%5.1fC"%st.T(), 64, 56)

def show_accel(page):                          #显示加速度
    if(page==1):
        oled.puts("%7.2f"%st.AX(), 64, 8)
        oled.puts("%7.2f"%st.AY(), 64, 16)
        oled.puts("%7.2f"%st.AZ(), 64, 24)
    elif(page==3):
        oled.msg("%7.2f"%st.AX(), 56, 0)
        oled.msg("%7.2f"%st.AY(), 56, 16)
        oled.msg("%7.2f"%st.AZ(), 56, 32)

def show_gyro(page):                           #显示陀螺仪
    if(page==1):
        oled.puts("%7.2f"%st.GX(), 64, 32)
        oled.puts("%7.2f"%st.GY(), 64, 40)
        oled.puts("%7.2f"%st.GZ(), 64, 48)
    elif(page==4):
        oled.msg("%7.2f"%st.GX(), 56, 0)
        oled.msg("%7.2f"%st.GY(), 56, 16)
        oled.msg("%7.2f"%st.GZ(), 56, 32)

def show_title(page):                          #显示标题页
    oled.fill(0)    # clear screen
    if(page==1):
```

```
        oled.puts("Press:", 0, 0)
        oled.puts("Accel:", 0, 8)
        oled.puts("Gyro:", 0, 32)
    elif(page==2):
        oled.msg("Press", 0, 0)
    elif(page==3):
        oled.msg("Accel", 0, 0)
    elif(page==4):
        oled.msg("Gyro", 0, 0)

def show_time():                                    #显示时间
    d = rtc.datetime()
    if(page==0):
        s = "%04d"%d[0]+"-"+"%02d"%d[1]+"-"+"%02d"%d[2]
        oled.msg(s, 16, 4)
        s = "%02d"%d[4]+":"+"%02d"%d[5]+":"+"%02d"%d[6]
        oled.msg(s, 16, 28)
        oled.puts("%8.1fC"%st.T(), 64, 56)
    else:
        s = "%02d"%d[4]+":"+"%02d"%d[5]+":"+"%02d"%d[6]
        oled.puts(s, 64, 56)

def swisr(t):                                       #按键回调函数
    global keypressed
    keypressed = 1
    #print('.')

def showbaticon(n, x, y):                           #显示电池容量图标
    if(n > 10):
        n = 10
    if(n < 0):
        n = 0
    for i in range(16):
```

```
        d = baticon.font[n*16+i]
        for j in range(8):
            oled.pixel(x+i, y+7-j, d&(1<<j))

sw = pyb.ExtInt(SW_PIN, pyb.ExtInt.IRQ_FALLING, pyb.Pin.PULL_UP,
callback=swisr)
btn = pyb.Pin(SW_PIN, pyb.Pin.IN, pull=pyb.Pin.PULL_UP)
vusb = pyb.Pin(VUSB_PIN, pyb.Pin.IN, pull=pyb.Pin.PULL_NONE)

batc = st.Bat()
def showbat():                                 #显示电池状态
    global batc
    if(vusb()):                                #连接 USB 时，显示充电动画
        batc = batc + 1
        if(batc > 10):
            batc = st.Bat()
    else:                                      #电池供电时
        batc = st.Bat()
    showbaticon(batc, 0, 56)
    oled.puts('%4.2fV'%st.BatVolt(), 16, 56)

show_title(page)
while True:
    if(flag):
        flag = 0

        # keypressed
        if(keypressed):
            keypressed = 0
            sleepcnt = SLEEPCNT
            page = (page + 1)%5
            show_title(page)
```

```
        # key long pressed
        if(btn()==0):
            keycnt = keycnt + 1
            if(keycnt > 3):
                machine.soft_reset()
        else:
            keycnt = 0

        #show sensor
        show_press(page)
        show_accel(page)
        show_gyro(page)

        #show battery
        showbat()

        show_time()

        #power save
        if(vusb()==0):
            if(sleepcnt>0):
                sleepcnt = sleepcnt -1
            else:
                oled.poweroff()
                while True:
                    machine.idle()
                    #machine.sleep()
                    if(btn()==0):
                        break;
                keypressed = 0
                oled.poweron()
                sleepcnt = SLEEPCNT
            oled.puts('%d'%sleepcnt, 120, 48)
```

```
        else:
            oled.puts(' ', 120, 48)

    oled.show()
```

智能怀表的原理图如图 10.20 所示。

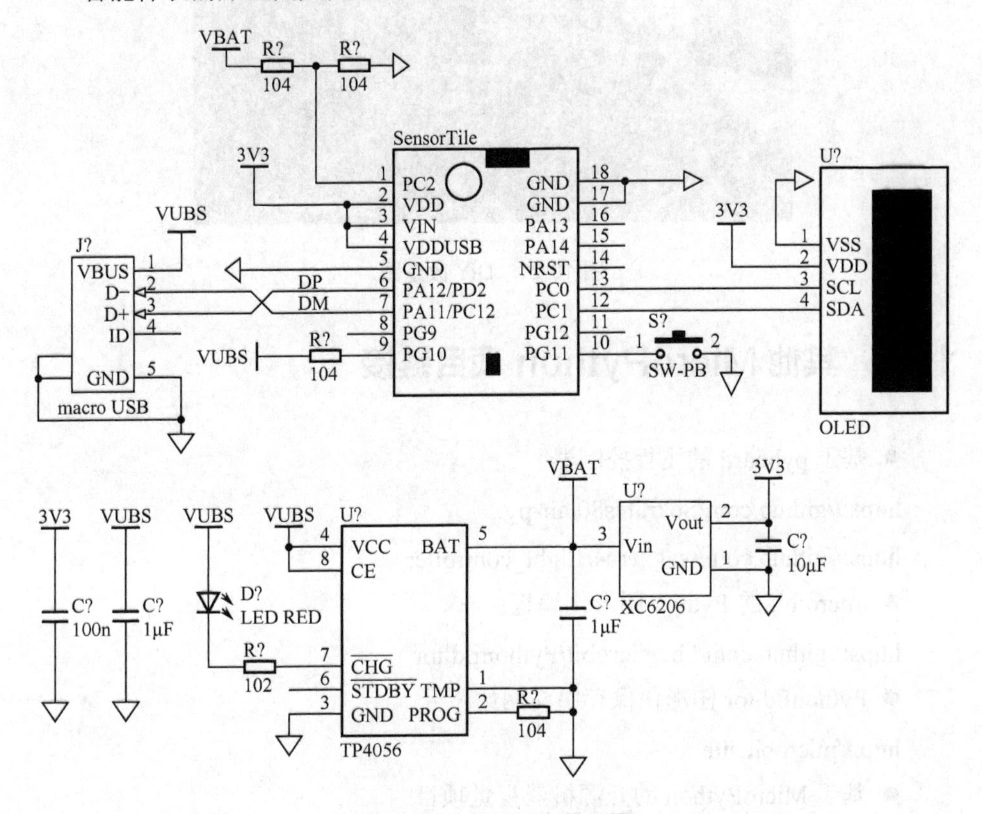

图 10.20　智能怀表原理图

DIY 改造图如图 10.21 所示。

完整的移植过程，大家可以参考相关链接：

http://www.micropython.org.cn/bbs/forum.php?mod=viewthread&tid=27

SensorTile 智能怀表项目已经上传到 github 上，有兴趣的读者可以参考：

https://github.com/shaoziyang/SensorTilePocketWatch

图 10.21　DIY 改造图

10.8　其他 MicroPython 项目链接

- 基于 pyboard 的飞行控制器

https://github.com/Sokrates80/air-py

https://github.com/wagnerc4/flight_controller

- micro:bit 的 Python 图形化编程：

https://github.com/bbcmicrobit/PythonEditor

- PythonEditor 图形化保存中文网站：

http://microbit.site

- 基于 MicroPython 的开源机器视觉项目

https://openmv.io/

- 用于发明和原型创作的可编程模块

http://www.limifrog.io/

- 使用 ESP8266 和 Nokia 5110 制作生命游戏

https://github.com/mcauser/MicroPython-ESP8266-Nokia-5110-Conways-Game-of-Life

- 使用 ESP8266 的 WiFiBoy Dev Kit

http://wifiboy.glazlink.com/

- hackaday 上的各种 MicroPython 项目

https://hackaday.io/projects?tag=micropython

- 集成 Lora、BLE、WiFi 的 LoPy

https://www.pycom.io/product/lopy/

- 集成 Lora、BLE、LTE 的 LoPy

https://www.pycom.io/product/gpy/

- 集成 WiFi、Bluetooth、LoRa、Sigfox 和双模 LTE-M 的 FiPy

https://www.pycom.io/product/fipy/

附　　录

下面收集和整理了一下相关的网络资源，方便大家参考。

官方网站

MicroPython 的官方网站，也是最主要的参考网站。

- MicroPython 官方网站：

https://www.micropython.org

- MicroPython 官方文档：

http://docs.micropython.org/en/latest/pyboard/

- MicroPython 官方在线演示：

https://micropython.org/unicorn

- MicroPython 在 Github 上的源码：

https://github.com/micropython/micropython

- MicroPython 官方论坛：

http://forum.micropython.org/

中文社区

国内与 MicroPython 相关的社区和论坛如下。

- MicroPython 中文社区：

http://www.micropython.org.cn

- EEWorld 社区 MicroPython 版块：

http://bbs.eeworld.com.cn/forum-243-1.html

- 云汉社区 MicroPython 版块：

http://bbs.ickey.cn/community/forum-213-1.html

- EDN 社区 Microython 版块：

https://forum.mianbaoban.cn/c/forum/micropython

其他

- MicroPython 中文教程：

https://github.com/shaoziyang/MicroPython_ChineseReference

由本书作者翻译、收集、整理，资料来源于官方文档、中文社区。

- 固件库：

https://github.com/shaoziyang/MicroPython_firmware

为了方便大家学习和体验 MicroPython，我们将常用开发板进行编译，提供二进制固件给大家，只要将固件写入开发板，就可以直接运行了。

MicroPython 中文社区，微信订阅号：

读者调查及投稿

1、您觉得这本书怎么样？有什么不足？还能有什么改进？

2、您在哪个行业？从事什么工作？需要什么方面的图书？

3、您有无写作意向？愿意编写哪方面图书？

4、其他

说明：

（1）此表可以填写后撕下寄回给我们。

地址： 北京市万寿路 173 信箱（1009 室） 曲昕（收） 邮编：100036

（2）也可以将意见和投稿信息通过电子邮件联系：quxin@phei.com.cn

欢迎您的反馈和投稿！